Leaves Publishing

根
以讀者爲其根本

莖
用生活來做支撐

葉
引發思考或功用

果
獲取效益或趣味

美顏 維生素C

作者**AUTHER**

陳濟圓●蘇婉萍●林天龍

專業營養師親自執筆，
觀念最正確！

銀杏 **GINKGO**

美顏維生素C

作　　者：陳濟圓
食譜設計：蘇婉萍
食譜示範：林天龍
出 版 者：葉子出版股份有限公司
企劃主編：萬麗慧
文字編輯：謝杏芬
美術設計：張小珊工作室
封面插畫：蔣文欣
內頁完稿：Micky
印　　務：許鈞棋
登 記 證：局版北市業字第677號
地　　址：台北市新生南路三段88號7樓之3
電　　話：（02）2366-0309　傳真：（02）2366-0310
讀者服務信箱：service@ycrc.com.tw
網　　址：http://www.ycrc.com.tw
郵撥帳號：19735365　　　　戶名：葉忠賢
製　　版：台裕彩色印刷股份有限公司
印　　刷：大勵彩色印刷股份有限公司
法律顧問：煦日南風律師事務所
初版一刷：2005年8月　　　　新台幣：250元
I S B N：986-7609-72-7

國家圖書館出版品預行編目資料

美顏維生素C / 陳濟圓 著. -- 初版. --
臺北市：葉子, 2005[民94] 面； 公分. --（銀杏）
ISBN 986-7609-72-7（平裝）
1. 維生素 2. 食譜 3. 營養

399.63　　　　　　　　　94010353

總 經 銷：揚智文化事業股份有限公司
地　　址：台北市新生南路三段88號5樓之6
電　　話：(02)2366-0309
傳　　真：(02)2366-0310

※本書如有缺頁、破損、裝訂錯誤，請寄回更換

foreword
推薦序

新光醫院創院至今的十多年來，一直以人本醫療做為服務的最高準則，近幾年更把觸角由院內病患延伸至各個社區，多年來從不間斷地在社區扮演一個健康促進的角色。將醫院的功能由『治病』的傳統印象擴大為『關懷』民眾身心的健康褓母。

在醫院中供應病患伙食的營養課，除了在平常為每一份伙食拿捏斤兩之外，也不時進入社區推廣營養知識，深化民眾對營養的認知。營養師們也曾著作過一些食譜書籍，如高鈣食譜、坐月子食譜、養生食譜等等，用深入淺出的方式傳遞營養知識。獲得許多的好評。藉由這些專業知識書籍的出版，也擴大了營養師的服務範圍。

此次，營養師再度編寫一系列維生素書籍，一樣秉持專業的角度，對每種維生素做更精闢的有系統的介紹。也從『飲食即養生』的觀念中提供各種維生素的食譜示範，讓健康與美味巧妙融合。

飲食與健康是密不可分的，健康的身體需建立在正確的飲食上。希望藉由本系列叢書的介紹，能讓讀者對維生素有更多一層的瞭解。推薦讀者細細研讀，或做為床頭書隨時翻閱。

新光醫院董事長　吳東進

foreword
推薦序

富裕的台灣社會，營養不良的情形已經由「不足」漸漸轉變成「不均衡」。國人對食物的可獲量雖然逐年增加，但對攝取均衡營養的觀念上卻沒有明顯的進步。

其實，維生素的缺乏症在古代並不多見，一直到工業革命之後，食品科技越來越發達，人們吃的食物也越來越精緻，維生素的缺乏症反倒發生了。舉例來說，糙米去掉了米糠成為胚芽米，維生素B群就少了一半，胚芽米再去掉胚芽層成為白米，維生素B群就完全不見了。儲存技術的進步讓大家在夏天也有橘子可以吃，但您吃的橘子，恐怕維生素C也可能所剩無幾了。

但隨著醫療科技的進步，在一個個維生素的真相被探索出來之後，這些維生素缺乏症也漸漸消失匿跡了。而且，近年來養生觀念漸漸形成風尚，國內外在許多菁英投入養生食品研究，發現維生素除了原有的生理機能之外，更有其他重要的養生功效：有些可以當成抗氧化劑，有些可以保護心血管，有些可以降血壓，有些甚至有美白的功效。這些維生素的額外功能，也讓維生素的攝取再度受到重視。

本院營養課出版這一套「護眼維生素A」、「元氣維生素B」、「美顏維生素C」、「陽光維生素D」、「抗老維生素E」，不僅詳盡解說各種營養素的功用，更提供各種富含維生素食物的食譜示範，希望能讓讀者能夠不需花太多心血就做出簡單又健康的食物，輕鬆攝取足夠的各項維生素，掌握健康其實並不難。希望本書能夠讓讀者更關心自己的健康，並將養生之道融入日常的生活之中。

新光醫院院長　洪啟仁

自序 preface

以前總覺得維生素補不補充都沒關係，只要飲食均衡就可以，但隨著社會變遷，國人的壓力也越來越大，許多文明病的產生都證實了與氧化有關，而許多的維生素都具有抗氧化功能，不禁讓我重新思考維生素對於身體的貢獻，難道它僅只於預防缺乏症的產生嗎？

在眾多的維生素中，維生素C 是大家最耳熟能詳的，也是大眾最常補充的維生素。然而坊間所販售的維生素C其劑量有很大差異，服用方法也有許多不同的說法，有人說吃太多會中毒，又有人說吃太多只會從尿中排除不必擔心，眾說紛紜。

在服務病患的過程中，常被問到如何補充維生素C才最恰當，為了要讓大家能有正確的觀念，因此我就重新研究維生素C功效與特性。

期待藉由這本書可讓大家重新認識維生素C，並傳達一些最新的觀念。本書內容除了介紹維生素C的基本功能之外，還有它應用在美白肌膚的功效，也介紹該補充的維生素C族群及補充方法，並且在飲食中保留更多的維生素C，讓大家能聰明攝取，保有美麗與健康。

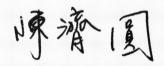

陳濟圓

introduction

前言

人體所需的營養素包括量較大的醣類、蛋白質與脂肪等三種巨量營養素,及量較少的維生素與礦物質等二種微量營養素。若以機器來比喻人體,醣類、蛋白質與脂肪就好像電力、汽油或燃料等動力來源;而維生素與礦物質所扮演的角色就如同潤滑油,缺少了它們,機器仍可運轉,只是運轉起來較不順暢,也容易出狀況。

維生素在化性上可以區分為脂溶性維生素(維生素A、D、E、K)與水溶性維生素(維生素B群、C)兩大類;脂溶性維生素不溶於水,因此不易溶於尿中被排出體外,在體內具有累積性,因此某些維生素具有毒性;而水溶性維生素則在體內不易累積,因此大致上不具毒性,但相反的卻容易缺乏。

在以前,維生素的缺乏症經常發生,那時的營養專家們會把維生素的研究專注在各種維生素對人體的作用;但近幾年來,除了維生素的基本生理功能之外,研究方向漸漸朝向維生素的附屬效能,例如維生素A、C、E除了抗夜盲、抗壞血病、抗不孕之外,其抗氧化作用更令人大為驚奇。而維生素B6、B12、葉酸等除了維持新陳代謝及造血的功能之外,其降低心血管疾病發生率更令人感興趣。維生素C的美白效果也造成業界的震撼……這些種種非傳統的維生素功效近年來如雨後春筍般的被一提再提,但在每一種功效背後所存在的「需要量」的問題,卻較少有人注意,而這卻是維持功效中更重要的前提。

即使維生素的功效如此多元,但在飲食精緻化的潮流下,某些維生素攝取的不足也讓人憂心。我國

美顏維生素

衛生署在民國九十一年時發表了「國人膳食營養素參考攝取量」(Dietary Reference Intakes, DRIs)，裡面詳盡地說明了我國各年齡層國民營養素攝取的建議量。這些建議量可以說是健康人所應達到的「最低」要求。然而，若比對民國八十七年衛生署所發表的「1993-1996國民營養現況」，我們發現，衣食無虞的我們，竟然也有如維生素B1、B2、B6、葉酸及維生素E等攝取不足的情形，其中又以葉酸及維生素E兩者的缺乏甚為嚴重。

而另一項令人憂心的便是補充過多的問題，在門診的諮詢病患之中，不乏每日食用五種以上營養補充劑的病患，這些瓶瓶罐罐中，隱藏著有維生素攝取過多的風險，有些甚至於是建議攝取量的數百倍；目前除了少數維生素經證明無毒性之外，其他的都應仔細計算，否則毒性的危害並不亞於其缺乏症。

天然的食物中所含有的維生素其實相當豐富，以人類進化的觀點來說，如果人類需要某定量的維生素，那似乎意味著自然界的飲食應含有如此多的維生素量，但可惜的是加工過程中所喪失的常遠多於剩下的，像米糠中的維生素B群、冷藏過程中維生素C的流失等都是令人惋惜的例子。在工業不斷進步的現代化文明，我們期待有朝一日能有更進步的科技，達到兩全其美的目標。

新光醫院營養課襄理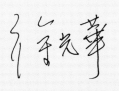

Reader Guide
本書使用方法

本書內容共分為三個主要的部分

● 第一部分
　認識維生素C

＊本章主要內容

＊本章主要內容敘述

＊本章重點健康知識

＊主要內容重點

＊一個標題一個觀念
　讀者可依此選擇自
　己有興趣的部分看

＊本段內容重點讀者
　可以依此選擇想要
　閱讀的重點

＊方便你快速找到
　自己想要的內容

＊一些與本書內容
　有關的專有名
　詞，你可以在
　〔健康小辭典〕
　中獲得更清楚的
　了解。

● 第二部分
　維生素C優質食譜介紹

＊本章主要內容

＊本章主要內容敘述

＊富含維生素C的食材

＊一百克食材的維生
　素C含量，這部分
　數字不同資料來源
　或有些許出入，但
　讀者應注意，重點
　不在實際的數字，
　而是要知道該食材
　富含維生素C。

＊食材特性介紹

＊〔營養師小叮嚀〕
　告訴你選購、烹
　煮、保存及食用時
　保留最高營養素的
　小技巧。

＊富含維生素C的食材

柑橘類

Easy cooking 柑橘類食譜

＊方便你快速翻
　閱，找到自己想
　要的食譜示範

● 第三部分
　市售維生素C補充品

＊本章主要內容

＊本章主要內容敘述

＊本章重點健康知識

選購市售維生素C補充品小常識

＊選購時常見的問題

＊問題的解答

■表示維生素單方
　或複方

■表示其他營養速

■表示綜合維生素

＊補充品資料表：
　提供該補充品相
　關產品訊息

CONTENTS

第2部 維生素C 優質食譜 *Easy cooking*

第3部 市售維生素C 補充品 *Supplement*

Knowledge

認識維生素C

從海權時代士兵們的救命靈丹，變成現今仕女們的美顏妙藥，維生素C不斷地創造奇蹟，

當然，它廣受古今人士喜愛可不是只有這一招半式，否則怎會老讓人驚豔。

本單元將介紹維生素C的發展史及它強大又廣泛的功能，並且介紹最in的補充法。

■ **什麼是維生素C**？

■ **維生素C的功能**

■ **維生素C護膚美白的應用**

■ **怎樣吃維生素C最健康**？

■ **維生素C在哪裡**？

HO
OH
O
HO
O
CH₂OH

維生素 C
Knowledge

什麼是維生素 C？

維生素 C 的歷史

維生素C是最常見的營養補充劑，最早於1747年時由英國的海軍醫師 James Lind發現。

●17世紀，發生在茫茫大海上的壞血病

17世紀時，哥倫布在發現美洲新大陸的航海旅途中，船上士兵大都生了病，牙齒不停地流血，這群病懨懨的水手在一望無際的大海中航行，望著傳說中遙不可及的陸地，心中想著這場航行何時才能結束？

繼哥倫布之後，又有另外一個偉大的航海家—麥哲倫，在率領船隊環繞地球一週時也發生了牙齒流血的症狀，當時有三分之二的船員因此而死亡，他們的遭遇比哥倫布的船隊更為悲慘。

●18世紀，檸檬及柳橙帶來治療壞血病的曙光

在18世紀之前，英國人就面對著長途的航行旅程中，罹患壞血病的威脅。後來海軍醫師James Lind 發覺一個現象：在海上航行一段時間之後，船員都會罹患牙齒流血疾病，然而，幹部卻沒有這些症狀，這點常讓James Lind覺得納悶，不明白這是什麼道理？直到有一天，他到一般船員的餐廳用餐，終於有了新發現，原來一般船員的伙食只有麵

健 康 小 辭 典

大部分的動物，自己可以在體內合成維生素C，但是人類、猿猴、天竺鼠等動物無法自行合成維生素C，必須由食物中來獲得。

Knowledge

包與醃肉，而幹部們的伙食除了麵包、醃肉外，還有馬鈴薯及高麗菜。這讓James不禁懷疑船員牙齒流血的疾病是飲食中缺乏新鮮蔬果所導致。

在接下來的航程中，他們遇到載了許多柳橙與檸檬的荷蘭貨船，James買了許多水果給船員吃，發現牙齒流血的情形有了明顯的改善。於是他另外又設計了一個實驗，找了一群有壞血病的船員，分為兩組，一組飲食中沒有新鮮蔬果，一組飲食中有新鮮蔬果，結果有食用新鮮蔬果的那一組壞血病的症狀果然有明顯的改善。

●萊姆汁維持英國海軍的健康

雖然初期大家都不相信James Lind醫師的說法，但是航海家庫克船長相信有此一說，決定帶著大量的水果出航，在那一次的航行中，成功地預防了壞血病的發生。

在James Lind 醫師死後，英國海軍開始以萊姆汁代替蔬果，讓水手們在每一次的航行中都能保持健康。

●20世紀，抗壞血酸正式被命名

到了二十世紀，預防壞血病的物質，終於被研究出來，命名為「抗壞血

健 康 小 辭 典

萊姆跟檸檬一樣嗎？

萊姆與檸檬一樣是屬於柑橘類的水果。

一般市面上看到果皮很綠的"檸檬"其實是萊姆，具有獨特的清香味，常使用於料理或雞尾酒、果汁中。

檸檬的形狀呈紡錘型，果皮呈黃橙色及淡綠色兩種，氣味清香且富含維生素C。常用於肉類及海鮮類菜餚的去腥，也應用於沙拉調味、糕點製作或調成飲品。

Knowledge

酸」，也就是維生素C。

至今，維生素C仍然是科學家積極研究的對象。因為，它可能對於更多的疾病有著很好的預防效果。而且，我們除了可以從新鮮蔬果中可攝取到足夠的維生素C，也可以藉由維生素補充劑來獲得，所以壞血病病人如今已不多見。但科學家探索新知識的奉獻與努力，一如航海家探尋新大陸的犧牲與執著，不斷地造福人群，也為後世留下典範。

維生素 C 的外貌

維生素的外觀與特性

維生素C(Vitamin C)是一種水溶性的維生素，因抗壞血酸病而得名，故又名抗壞血酸(Ascorbic acid)，大部分存在於蔬菜水果中。

它是一種白色的酸性結晶，結構與葡萄糖相似，易溶於水，性質不穩定，容易受到光、熱、氧氣、鹼、氧化酵素與微量金屬（例如銅、鐵等）破壞，於弱酸環境則較為安定。

由於維生素C性質不安定，易受很多因素所影響，尤其高溫與金屬更是維生素C的兩大殺手，通常蔬菜加熱2～3分鐘，只能保留70～80％的維生素C，如果再加上炒菜鍋又是銅製或鐵製的材質，那更是破壞光光囉。

左旋抗壞血酸（維生素C）結構圖

維生素C易被大氣中的氧氣氧化

氧化過程 O_2

如果不認識維生素C的特性，想要擁有它可是很不容易的喔！維生素C在弱酸的環境下比較不易破壞，主要是因為維生素C在PH 5以下的環境相當穩定，所以加熱過程中，酸性的蔬菜水果對於維生素C的保留量較非酸性的蔬菜水果多。

維生素的種類

維生素C本身非常容易被氧化，所以是一個很強的還原劑，具有活性的維生素C有兩種，就是左旋維生素C的還原型及氧化型，在人體內，這兩種形式是可以互相轉變。

氧化型的左旋C有時候會成草酸，一旦變成草酸，即失去維生素C原有的功能，草酸會與身體內的鈣結合形成草酸鈣再由尿液中排出，排不出的草酸鈣就形成所謂的結石。

雖然維生素C代謝到最後會形成草酸，但經實驗證明每天吃5-10公克的維生素C所產生的草酸量並不多，不足以構成結石的危險。大部分造成草酸結石的主要是因為體內甘胺酸代謝異常或是維生素B6缺乏引起，與維生素C較無直接的關係。

而形成草酸鈣的原因有很多，最主要的就是水喝太少或活動量低，使得代謝變慢，草酸鈣無法排出而沉積在體內，另外高脂肪飲食、高鈉飲食會促進骨骼中鈣的排出，太多蛋白質的食物會降低中的酸鹼值，這些均會增加鈣結石的形成。

維生素C在身體的功能除了抗壞血酸之外，更是參予了許多的氧化還原及新陳代謝等重要反應。所以也陸陸續續有許多研究討論維生素C與疾病之間的關係，近幾年，維生素C更是在美白肌膚中出盡風頭，不論是用吃的還是擦的都少不了它的存在。另外在抗老化及抗癌功能也不斷地被研究者肯定，可見維生素C是每日不可缺的營養素之一。

身體如何利用維生素 C

維生素C的新陳代謝

● 維生素C是必需營養素

一般動物都可以利用體內葡萄糖代謝途徑來合成維生素C。但人類、猿猴、天竺鼠及一些鳥類、魚類無法自行合成維生素C，需藉由食物來供應身體所需。因此維生素C是一種「必需的」營養素。

● 影響維生素C吸收率的因素

維生素C在人體的吸收率與攝取量有關，當攝取量在30～180毫克時，吸收率可達70～90％，然而當攝取量為1,500毫克時，吸收率降到50％，當攝取量達到6,000毫克時，吸收率則只有16％。

吸收率除了受到攝取量影響之外，也會受到發燒、壓力、長期注射抗生素或是皮質激素等影響而降低。

● 維生素C的吸收

吃入的維生素C通常在小腸上方（十二指腸和空腸上部）被吸收，而僅有少量被胃吸收，同時在口中的黏膜也吸收少許。未吸收的維生素C會直接轉送到大腸中，無論轉送到大腸中的維生素C的量多寡，都會被腸內微生物分解成氣體物質，無任何作用，所以身體的吸收率固定時，多攝取就等於多浪費。

小腸的吸收率視維生素C的攝取量不同而有差異。同時，也因飯後和空腹而有所不同，因個人攝取的差異也有不同。就以攝取1,000mg的維生素C來看，空腹的吸收率約30％，而餐後的吸收率可達50％。

根據吸收率的大小，維生素C較有效的攝取，以一日攝取三次為宜，而且餐後馬上攝取為佳，且這樣也可預防因高劑量維生素C所帶來的副作用。

● 維生素C的代謝

維生素C在體內的代謝過程及轉換方式，目前仍無定論，但可以確定維生素C最後的代謝物是從尿液排出，如果尿中的維生素C濃度過高時，可以讓尿液中酸

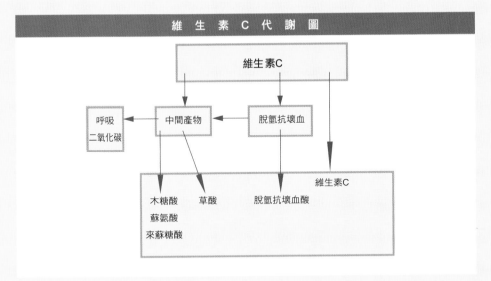

維 生 素 C 代 謝 圖

維生素C

呼吸
二氧化碳

中間產物

脫氫抗壞血

維生素C

木糖酸　草酸　　脫氫抗壞血酸
蘇氨酸
來蘇糖酸

鹼度降低，防止細菌孳生，所以有避免尿道感染的作用。

　　草酸是維生素C的其中一個代謝產物，它的排出量因人而異，平均一天約有16～64毫克的草酸由尿中排出。一般人擔心過多的草酸會造成結石，其實身體中草酸的含量，除一部分由維生素C代謝而來，其餘大部份是由食物中直接攝入，或是由胺基酸類食物代謝所產生。由實驗中得知，即便是攝取高量的維生素C，尿中草酸量並不會因此而增加，因此無須擔心維生素C帶來結石的問題。

　　維生素C經由腎臟有排泄，所以腎臟具有調節維生素C排泄率的功能。當組織中維生素C達飽和量時，排泄量會增多，當組織含量不足時，排泄量則減少。

●人體中維生素C的存量

　　從小腸上方被吸收的維生素C，經由門靜脈、肝靜脈輸送至血液中，並隨著血球轉移至身體各部分的組織。

　　當人體吃入維生素C之後，腦下垂體、腎臟的維生素C濃度最高，其次是眼球、腦、肝臟、脾臟、胰臟等部位。當體內總儲存量小於300mg時，就有發生壞血病的危險，人體最大的儲存量為2000mg。

維生素 C 的功能

維生素 *C* 的基本功能

治療壞血病

維生素C最初的功能是治療壞血病，明顯的壞血病不難看出來，易發生於5～11個月的嬰兒，常出現的症狀有：四肢關節疼痛，躺著時身體不敢移動，抱起來時會哭鬧不休，並且有易怒、食慾不振、生長遲緩、骨膜及牙齦出血等現象。

成人罹患壞血病的第一個症狀是牙齦發炎，刷牙時若發現牙齦流血，就要注意觀察牙齦的顏色，正常的牙齦應該為粉紅色，缺乏維生素C時，牙齦則會變成紅色或暗紅色，並且有腫脹的現象，輕壓牙齦即會流血。成人罹患壞血病的另一個症狀就是皮下出血，通常在四肢會出現小點點狀瘀血，較常出現在老人的身上。

促進膠原蛋白合成

維生素C最主要是參與動物體內的一些羥化反應（hydroxylation），例如膠原蛋白、肉鹼、神經傳導物質、膽固醇、荷爾蒙等物質的生合成。

像壞血病中的點狀出血症狀，就是因為細胞間的膠原排列過於鬆散，稍微施加壓力，血液就跑到皮下組織中。膠原蛋白分布在身體的結締組織中，包括骨頭、肌肉、皮膚、血管、內臟等都有它存在，而維生素C則是合成膠原的重要物質。

人體無法自行合成維生素C，須由外界攝取，不過它的缺乏症也不是那麼容易出現，只要每日有10毫克的維生素C就不易出現缺乏症。而且在完全沒有維生素C攝入的狀態也要3～4個月才會有壞血

症產生。所以如果只是1～2天忘記吃蔬果，還不用擔心壞血症上身。

參與體內氧化還原反應

體內許多代謝都是氧化與還原的遊戲，身體就在這些遊戲中完成每日的工作，在氧化與還原間，維生素C是重要的主角之一，像是還原與自由基結合的維生素E、將三價鐵還原為二價鐵以利腸道吸收，另外，還具有防癌的作用，近年來，它在抗氧化功能上所扮演的角色更是受到大家的重視。

參與胺基酸的新陳代謝

維生素C主要是參與芳香族胺基酸的代謝，如苯丙胺酸、酪胺酸等。嬰兒缺乏維生素C時，這二種胺基酸代謝不完全，會產生酸性物質由尿中排出，維生素C則可促進這些酸性物質的新陳代謝。

形成腎上腺皮質激素

人們面對火災時，往往變的力大無窮，平常搬不動的傢俱可以一件一件地往外搬，這是因為人在情急之下瞬間分泌大量的腎上腺素，因而產生許多熱量

健 康 小 辭 典

何謂膠原（collagen）？
　　膠原是一種蛋白質又叫膠原質，是組成各種細胞外間質的聚合物，可使細胞的排列更緊密，主要是以不溶性纖維蛋白的形式存在，在人體的組成中，約占蛋白質的33％，扮演著有如「床墊」、「水泥」的角色，能保護並連結各種組織，支撐起人體的結構。

Knowledge

供人體使用，腎上腺含有高濃度維生素C，所以在應付緊張的情況時，維生素C非常重要。

維生素 *C* 的抗氧化功能

氧化如何形成

　　人體藉由呼吸的作用，將空氣中的氧氣吸入體內，使得體內各機能能正常的運作，以維持生命。但是這些吸入的氧氣有2%會轉變成活性氧，這種不安定的氧分子在細胞間造成氧化作用，進而破壞細胞，這過程俗稱為「氧化」。

　　我們稱這些不安定的氧分子叫做「自由基」，生活中除了呼吸會產生自由基之外，還有許多因素也會讓我們的身體充斥著自由基，如：紫外線、放射線、吸煙、喝酒、壓力、加工食品及過多油脂等。這些因素加速體內的氧化作用，當氧化發生在皮膚時，皮膚就會出現皺紋、斑點、粉刺；發生在器官及血管時，則會有心血管疾病、白內障、高血壓、心臟病、氣喘等疾病產生。

　　人類為了維持生命，必須仰賴呼吸，在免不了產生自由基的同時，也會有保護機制產生，身體在面對自由基時，會形成一些抗氧化酵素來抵制這些氧化作用。除了自動產生的抗氧化酵素外，維生素也是非常好的抗氧化物質，要讓身體保持清新狀態，除了攝取適量的蛋白質來合成抗氧化酵素之外，維生素的補充也不可或缺。

　　針對抗氧化作用，維生素所帶來的效益包括：預防白內障、降低糖尿病患併發腎病變的機會、抗癌、保護心臟血管系統、降低血壓等，並且還可以延年益壽。

健康小辭典

抗氧化的維生素與物質

- 抗氧化維生素：
  維生素C、β-胡蘿蔔素、維生素E。
- 抗氧化物質：
  聚苯酚、兒茶酚、異黃酮素、原花色素、茄紅素、蝦紅素、芝麻酚。。

Knowledge

抗氧化可以預防白內障

年輕的時候，眼睛中的水晶體透明、柔軟且富有彈性。但隨著年齡的增長，水晶體的彈性會越來越差，透明度也會越來越低，從眼睛看出去的景物也漸漸變得模糊不清，這可能是罹患白內障了。

白內障通常發生在中老年人身上，從醫學的角度來看，認為這種老化的白內障，除了是因年紀的增長致使器官也逐漸退化之外，另外水晶體維生素C的含量只剩年輕時的一半含量也是重要原因，這均是眼睛經年累月受到自由基的破壞所致。

白內障目前只能用手術來治療，但是也可以利用抗老化的科技來及早預防。根據美國臨床營養學刊的報導，經常服用維生素C的60歲以上婦女，可大幅降低罹患白內障的機會。

另外亦有研究指出，每天服用367mg的維生素C補充品比每天服用140mg的維生素C補充品的婦女，可降低57%得到白內障的機會，所以，維生素C可以抑制並防止白內障進行，保持視力明晰。

抗氧化可以保護心血管

一些研究顯示，沒有抽菸的人，每日攝取100mg的維生素C，就可降低罹患心血管疾病的機率。

但是100mg是每日建議量，究竟要多少劑量才能有具體的效果。美國全國營養調查結果發現，每天只要從飲食中攝取50mg或是每天有吃維生素C補充劑400mg就可降低男生42%、女生25%心血管死亡率。也就是說只要每天有攝取到富含維生素C的食物跟攝取400mg維生素C補品的效果相同，原因可能是食物中有一些天然的植物性化學因子，可以讓為生素C有加乘的作用吧！

護理健康研究（Nurses Health study）也追蹤了一群女性16年的時間，得到的結論也是每日攝取359mg以上的維生素C就可降低27～28%發生冠心病的危險率。

另外，在東方的研究中，發現血液中維生素C濃度高者相較於濃度低者，中風機率降低29%，而且每週攝取6～7次蔬菜水果的人比每週攝取0～2次蔬果的人，中風機率低了54%，顯示高濃度維生素C與足量的蔬果攝取，具有預防中風的功能。

抗氧化可以降低血壓

　　高血壓是心血管疾病的一個很大危險因子，甚至對於腦中風及腎臟病也有很深遠的影響。目前在台灣高血壓的盛行率男性為26％、女性為19％，而且就以目前血壓正常的人來說，終其一生得到高血壓的機率仍高達90％，所以預防高血壓產生是相當重要的課題。

　　許多的研究顯示，血液中維生素C濃度較高的人，其血壓值較血液中維生素C濃度低的人低，根據2000年的研究，每日攝取500mg的維生素C，可使血壓降低9％，雖然整個降血壓的真正原因並不清楚，但是推論可能與控制血管收縮的一氧化氮有關。

　　美國建議血壓高達臨界值時，或已經是高血壓的患者在服用藥物前，除了建議要減輕體重、運動、戒菸之外，也建議要提高維生素C的攝取量。

維生素C改善糖尿病的併發症

　　第二型糖尿病患者，維生素C的濃度往往比較低，因為胰臟所分泌的胰島素，除了攜帶葡萄糖進入細胞，同時也攜帶維生素C進入細胞中。

　　有胰島素滯留的病人，胰島素分泌減少了，相當於可載維生素C進入細胞的車子減少了，細胞內維生素C濃度不足時，身體抗氧化的能力也下降，所以糖尿病患者常常有傷口癒合不良、反覆感

蔬　果　5　7　9

兒童一天5份蔬果

女性一天7份蔬果

男性一天9份蔬果

染、血液循環差、器官病變等問題。

　而且糖尿病病人器官病變常會併發腎病變，發表於《糖尿病與併發症》（1998；12：259-263）的報導指出，因糖尿病而發展成腎病變的病人中，其體內維生素C的濃度較未發展成腎病變的病患低。而腎病變所引起最嚴重的疾病就是心臟病，研究人員因此大膽推論，缺乏維生素C的保護，是導致糖尿病腎病變病人心臟病發作機會增高的主因。

　雖然該研究並未對每日攝取量做出建議，但有些吃高劑量（500～1000mg）維生素C的糖尿病病患，會自覺血液循環及其他的併發症有改善的現象。

維生素C有助於抗癌

●保護正常細胞

　許多的研究證明維生素C可使我們免於癌症的威脅，這可能與維生素C的抗氧化功能有關，在自由基傷害細胞前維生素C就將其先清除掉。

●減少化療及放療副作用

　接受放射治療及化學治療的癌症病人，血液中維生素C的濃度都較正常人低，被認為可能是治療造成的副作用。

而且這些癌症療法會產生大量自由基，因而破壞更多的正常細胞，並且降低身體免疫系統的功能。

　雖然沒有文獻證明高劑量的維生素C可治癒癌症，但仍有學者贊同在接受放射治療或是化學治療的同時，不管是經由食物或是經由補充劑，應該多多地補充維生素C來清除這些自由基。

抗老—維生素C可當作長壽指標

　維生素C除了單純的生理功能之外，有越來越多的研究探討它對於人體不同的功效，像是增加免疫力、氧化自由基、治療癌症、延長壽命等，這些功能殊途同歸皆為了延年益壽。

　在日本，一個長達20年的研究發現，血液中含高濃度維生素C及平日飲食多攝取蔬菜、水果者較不易發生中風。蔬果中高量的維生素C發揮抗氧化的功效，使得減少疾病產生，難怪美國已經將每日五蔬果的口號提升為每日蔬果五七九，也就是小孩每日要攝取5份蔬菜水果，成年女性要七份蔬菜水果，成年男性要九份蔬菜水果來維持健康。

維生素 *C* 增強免疫能力

免疫系統是人體的捍衛戰士,可對抗病原菌及病毒,一旦病源體入侵,體內的白血球會啟動保護機制,對外來的病原體發動攻擊,並摧毀病原體。

維生素C可以清除白血球和病原體大戰所產生的自由基,增強白血球的活性,也可以強化T—細胞的分化,提高巨噬細胞的機能,進而強化免疫能力。

避免過敏性氣喘的發作

有些人沒有呼吸道感染,卻整天打噴嚏、流鼻水或鼻塞,也有人動不動就皮膚養,皮膚過敏等,還有些人季節一變,就不由自主地咳嗽。這些症狀都是過敏原入侵身體所產生的反應。

當身體碰觸過敏原時,免疫系統會釋放大量的組織胺質進入血液來對抗入侵者,對抗後就會發生打噴嚏、鼻塞、氣喘、咳嗽、皮膚癢等症狀。

一般治療過敏反應,常使用抗組織胺劑,或是類固醇等抗發炎反應的藥劑。但這些藥物有許多副作用,所以有高血壓、心臟病、腎臟病、肺病的患者,使用這些藥物更要小心。

其實有最簡單、最天然、最便宜的方法,可以預防過敏症狀發生,每天額外攝取維生素C 1000mg～2000mg,可以抑制組織胺的釋放並分解已產生的組織胺,又可以加速組織胺的排除,達到治療與預防的雙重效果。

英國倫敦大學研究發現:氣喘患者肺組織中維生素C、E的濃度較正常人低。另一個刊載於胸腔學雜誌的義大利的研究中發現:多吃富含維生素C豐富的水果,可以讓小孩得到氣喘的機會減少30％。一週只要吃1～2次,病情就可明顯控制下來。氣喘發作時,肺部會產生許多自由基,蔬果中的維生素C具有保護作用,所以應鼓勵多攝取維生素C豐富的蔬果,以降低氣喘發作機率。

維生素 *C* 具解毒功能

阻止硝酸鹽與胺結合形成致癌物

民間中常流傳一些食物組合的禁忌，例如：胡蘿蔔與干貝是不可以一起吃，主要原因是含亞硝酸鹽食物與含胺類食物合吃，在腸胃酸性的環境中容易產生亞硝胺(Nitrosamines)。

亞硝胺是一種相當普遍的致癌物質，常用來作肉類食物防腐及預防肉毒桿菌生長的防腐劑，醃製品中常有它的蹤跡。

含胺類食物主要為乾燥的海產類食物、少數水果及熟成的硬起司。為了避免致癌物形成，除了少吃這類食物外，也可多攝取富含維生素C的蔬果，可有效的使亞硝酸鹽迅速的在胃中被破壞，抑制亞硝酸鹽與胺類的反應，阻止合成亞硝胺致癌物質。

維生素C可以預防鉛中毒

鉛在人類歷史已使用了千年之久，儘管現在鮮少聽到鉛中毒事件，但是在我們的生活中到處可見含鉛的物質，鉛仍是目前危害我們最常見的重金屬。

一旦發生鉛中毒時，會引發腹痛、貧血、急性腎衰竭及神經病變。小孩發生鉛中毒，不僅會影響智能，而且可能發生注意力不集中或過動的現象，根據大陸對過動兒的研究發現：有60%過動的小孩血液中鉛濃度過高。

在1999年美國醫學會刊，證實體內維生素C濃度與鉛濃度呈負相關，雖然維生素C排出鉛的機制並未獲得進一步的確認，但適量地增加維生素C的攝取，應該是預防鉛中毒的最簡單方法了。

維生素 *C* 可以預防孕婦子癇症

子瘤症也就是所謂的妊娠毒血症，是一種對母體及胎兒健康威脅很大的孕期併發症。

子癇前症的發生機率約為百分之一，好發的族群為：懷孕前BMI大於標準值、高齡產婦、糖尿病及高血壓的孕婦，但是頭一胎、雙胞胎、有病史的孕婦其發生率會提高十倍。

妊娠毒血症會破壞血管壁的彈性，引發中風、肝腎肺的衰竭，早期出現症狀的孕婦，胎兒的生長會遲緩，甚至造成死胎。

罹患此症的孕婦，通常在懷孕二十週後，會出現高血壓（大於140／90mmHg），且伴隨有蛋白尿及水腫等症狀，嚴重時會引起嚴重痙攣，若不即時處理，會危急母親及胎兒的生命。

妊娠毒血症這麼危險，該如何預防呢？2003年英國學家Dr.Lucilla Poston針對孕期出現明顯高血壓現象的高危險群孕婦，給予維生素C、E的補充，為期兩年，研究結果發現，補充群降低50%妊娠毒血症的發生率。另外，2005年BeazlayD.等人針對發生子癇症高為群（例如：以前有發生過子癇前症、慢性高血壓、糖尿病史、多胎胞史）的懷孕婦女，給予維生素C及維生素E等抗氧化維生素補充劑結果發現，給予補充劑的婦女，其發生子癇症的機率較安慰組來得低。所以攝取足夠的維生素C，可減少子癇症的發生，建議每日至少攝取200mg的維生素C。

維生素 C 甩掉壓力

壓力賀爾蒙

當人體產生壓力時，身體會啟動壓力反應，將血液送到大腦及肌肉中，以應付外來的變化，這是演化而來的生存機制。

面對壓力時，交感神經下達訊息讓血壓升高、呼吸及心跳加速，並且關閉不重要的系統，並在2秒內快速分泌腎上腺素、正腎上腺素，下視丘也會通知腦下垂體分泌腎上腺皮質刺激素（ACTH），刺激可體松的分泌。

腎上腺素、正腎上腺素與可體松是主要的「壓力荷爾蒙」，它們為因應壓力而分泌，再由血液送到身體所需之處，主要的功能是將體內儲存的肝醣或蛋白質等快速轉化、分解成血糖（血液中的葡萄糖），以供肌肉緊急應變所需。

這三種荷爾蒙以可體松分泌得比較慢，在體內停留的時間比較久（幾分鐘到幾小時），這主要是為了長期抗戰所需，但是，當身體的可體松濃度上升時，會使身體的免疫力下降，容易造成感染。

壓力所帶來的疾病

所謂的壓力(Stress)，就是面對變化的心理反應，無論這種變化是好事或壞事，喜歡或不喜歡的事，都是一種壓力，簡單來說壓力是一種「感覺」，而長期的壓力積累將給身體帶來不適與疾病。

●引起胃腸潰瘍及大腸激躁症

壓力促成的疾病首當其衝的就是腸胃系統了，最常出現的症狀就是潰瘍及腹瀉。由於身體在面對壓力時，腸胃道蠕動異常，胃酸分泌異常且腸內菌叢亦發生改變，長久下來形成了消化不良，胃壁黏膜變薄，甚而導致潰瘍。

腸道的蠕動異常，可能造成腹瀉、便秘、便中含有黏液、解便不完全、或是大便習慣改變等，若是上述症狀持續，就稱為大腸激躁症。

●引發心臟血管疾病及高血壓

壓力對心臟血管疾病的影響也不小，反應壓力時，主要動脈收縮升高血壓，以便把血液送到骨骼肌肉，經常性地將血壓升高，血管系統長期處於緊張狀態，就變成高血壓了。

●壓力降低人體的抵抗力

壓力反應會降低免疫系統運作，減少免疫細胞的數量，身體抵抗疾病的力量也跟著降低，抵抗力不足，各種細菌和病毒就容易入侵，造成感染與發炎。

●骨質疏鬆症

可體松抑制小腸對鈣離子的吸收，會促成骨質疏鬆症的發生，雌激素可抑制鈣從骨骼中流入血液，防止骨質流失。停經後婦女，雌激素分泌量下降，致使骨骼的保護力下降，若再加上壓力減少鈣質的吸收，將使得骨質流失的狀況更雪上加霜。

●肥胖

在壓力情境下，新陳代謝加速，需要更多的食物當燃料，壓力荷爾蒙（可體松）在腦部促進食慾，所以有些壓力大的人往往靠吃來解除壓力，不知不覺攝取過多的熱量而導致肥胖。

●記憶力降低

承受壓力時，可體松阻擋腦部葡萄糖的供給(優先供給肌肉用去)，干擾神經傳導物質的作用，並破壞海馬體，造成記憶力減弱。

維生素C降低可體松的釋放量

現在社會競爭大，尤其是職業婦女常常一根蠟燭兩頭燒，工作、家庭要兼顧，身體可體松濃度也會越來越高，大多數人認為解除壓力需多補充維生素B群，但最近的一些研究發現補充高劑量維生素C，可以使體內的可體松釋放量減少，因此也具有解除壓力的功效。

維生素 *C* 預防貧血

維生素C可以幫助鐵質吸收

　　鐵質為血色素最主要的成分，是製造紅血球必備的物質，當鐵質缺乏時，紅血球的數目或血色素的含量會減少而造成貧血。

　　由於鐵的生理功能是負責氧及二氧化碳的輸送，並且負責電子傳遞及能量生成，所以一旦發生貧血的症狀時，會有虛弱、心跳加快的症狀，而且也因腦部缺氧造成注意力不集中及記憶力減退等現象。

　　在正常狀況下，食物中三價鐵會藉由還原劑的作用變成二價鐵後，再由小腸吸收，維生素C就是很好的還原劑。

　　鐵質的吸收率視血基質鐵及非血基質鐵而有所不同，前者吸收率約為25％，後者吸收率約5％。事實上，腸道吸收鐵質的比率，主要是取決於人體對鐵質的需求程度（鐵質的營養狀況），當人體缺乏鐵質時，身體為了補償體內不足的鐵質，會增加小腸對鐵質的吸收，直到體內的鐵質存量足夠為止。

造成鐵質缺乏的原因

　　常見造成鐵缺乏的原因包括：女性生理期經血流失，外傷、腸胃道出血、外科手術等所造成的失血、藥物（胃藥）干擾鐵質吸收等。

　　另外還有如下許多因素會造成鐵質的吸收障礙：

● 多酚類

　　常存在於蔬菜及茶葉中，會與鐵質結合形成不溶解的複合物，影響非血基質鐵的吸收率。

● 植酸

　　植酸存在於全穀類、豆類、核果類及種子中，能與鐵質結合，大幅降低鐵質的吸收。所以麥麩中的植酸會使鐵質的吸收率下降，最好選用發酵過的全麥麵包，可減少植酸的影響。

豆類經過加工後，植酸會被破壞，所以有貧血症狀者應多選用豆製加工品。

● **酸性不足的環境**

非血基質鐵，在胃酸的作用下（酸鹼值小於7），形成帶二價正電可溶性的亞鐵離子，在通過十二指腸及空腸前段時被吸收。由於食物進入小腸後，酸鹼值會逐漸上升，若是胃酸分泌不足或是因為服用制酸劑而減少了胃酸的作用，便會使鐵質吸收大受影響。

● **鈣質**

鈣質與鐵質在體內的吸收呈現互相競爭的狀態，所以高鈣食物與高鐵食物切勿同時一起吃，以免影響鐵質的吸收率。

所有的貧血都需要補充維生素C嗎

貧血的原因很多，不一定是鐵質不足，蛋白質、葉酸、維生素C、維生素B6、維生素B12或銅的不足，也都可能造成貧血。

因此當發生貧血時，必需先了解造成貧血的真正原因，對症下藥，才能有效的改善貧血。

鐵 的 吸 收 與 利 用

Fe^{+++}（胃液中鐵化合物）
↓　維生素C
Fe^{++}
↓
Fe^{++}（小腸黏膜）
↓　氧化
Fe^{+++}
↓　脫鐵鐵蛋白
鐵蛋白
↓　還原
Fe^{++}
↓
Fe^{++}（血漿）
↓
Fe^{+++}
↓　（脫鐵鐵傳遞蛋白）
傳遞鐵蛋白
↓
網狀系統，製造血紅素

維生素 *C* 是維生素A、E的好夥伴

民以食為天，飲食與許多疾病都息息相關。在現代化的社會裡出現許多文明病，像幼兒氣喘的比例升高及新陳代謝症候群的產生，還有癌症也位居國人十大死亡原因的第一名，這些除了和環境、生活習慣及遺傳相關外，和「吃」也都脫不了關係。

市面上健康食品的流行，直銷保健產品的暢銷，廣大群眾追求健康的心態處處可見，透過「食」進行保健，是被一般民眾最易接受的簡便方法。

在老化的過程中，自由基佔了很重要的角色。因為老化，身體可能出現一些疾病，如：心血管疾病、癌症、冠心病、肝炎……等。要維持健康的身體，移除及減少自由基的發生是必要的步驟。

抗氧化家族

目前抗氧化劑健康食品在市面上廣為流行全拜自由基所賜，他們在各種報導中一再的被提起，全都是因為他與各種疾病及老化有著不可抹滅的關係。自由基之所以有害，因為它來自於不穩定性的氧化物，活潑的化學性質會與細胞組織產生化學反應，進而破壞細胞的成

健康 小 辭典

台灣癌症死亡原因前十名

衛生署公告之台灣地區93年癌症死亡原因，男性與女性因癌症死亡的前十名依序為：

男性：肝癌、肺癌、結腸直腸癌、口腔癌、胃癌、食道癌、攝護腺癌、非何杰金淋巴癌、胰臟癌、鼻咽癌。

女性：肺癌、肝癌、結腸直腸癌、女性乳癌、子宮頸癌、胃癌、膽囊癌、胰臟癌、非何杰金淋巴癌、白血病

Knowledge

分，使細胞失去正常功能，造成發炎反應，加速老化並增加致癌機率。

醫學研究指出，許多疾病都與自由基息息相關，例如動脈硬化、腦中風、心臟病、白內障、糖尿病、癌症及衰老等。抗氧化維生素是則第一線防範氧化損傷的抗氧化劑，其中包括維生素A、維生素C、維生素E，這三種維生素稱為抗氧化家族。

●維生素A

許多食物均含有維生素A，包括肝臟、牛奶、蛋、魚肝油、胡蘿蔔、綠色疏菜等。維生素A在體內有效的抗氧化形式為β—胡蘿蔔素，許多研究證明β—胡蘿蔔素可以幫助吸菸者抵抗肺癌。

●維生素E

植物油中含有維生素E，小麥胚芽（油）、杏仁、葵花籽（油）、花生（油）、大豆、全麥製品、椰子油、蘆筍、麥片都是維生素E豐富的來源。

維生素E為脂溶性抗氧化劑，可以防止自由基帶來的損傷。吸菸者會消耗過多維生素E，使得呼吸道黏液的維生素E不足，易造成黏膜上的損傷，引發呼吸系統的疾病甚至易引發肺癌，臨床病例統計發現，肺癌男性患者有80%與抽菸有關，因此抽菸者應攝取更多的維生素E來保護身體。

●維生素C

維生素C可以健身、美容養顏，深綠色的蔬菜及橘橼酸類的水果都含有豐富的維生素C。

綠黃色蔬菜與淡色蔬菜其胡蘿蔔素、維生素C含量的比較

綠黃色蔬菜			淡色蔬菜		
食品	胡蘿蔔素（μg）	維生素C（mg）	食品	胡蘿蔔素（μg）	維生素C（mg）
荷蘭芹	7400	120	高麗菜	50	41
油菜	3100	39	胡瓜	330	14
茼蒿菜	4500	19	芹菜	44	7
韭菜	3500	19	蘿蔔	0	12
胡蘿蔔	9100	22	洋蔥	0	8
菠菜	4200	35	白菜	99	19

維生素C是良好的水溶性抗氧化劑，而且，它還可以還原被氧化的維生素E，使維生素E能一直保有抗氧化的能力。

許多研究都將這三種抗氧化劑放在一起研究，發現體內這三種維生素的濃度與疾病呈現負相關，也就是說，當體內含有維生素A、C、E的量愈高，就愈不容易生病。

維生素C與E併用，效果加倍

目前確實有許多研究認為，可以廣泛地使用各種維生素補充品來保健身體。例如維生素C與維生素E是一組非常有效的抗氧化夥伴，它們可以移除身體的自由基，使身體內細胞不遭受氧分子的攻擊，因此想要維持健康的身體，維生素C及維生素E是補充劑中的首選。因此，專家建議每日服用400～1200IU的維生素E及1～2公克的維生素C。

如果平常飲食中即含有豐富維生素E及維生素C的食物來源，並有良好的健康習慣，而且無任何老化症狀，這些補充劑可以低劑量補充即可。

維生素C護膚美白的應用

合成膠原，讓肌膚更晶瑩剔透

皮膚的構造

皮膚是人體面積最大的器官，約佔人體比重百分之十五。成年人的皮膚總重量約為三公斤，覆蓋的面積大約是二平方公尺。

我們經常造受到細菌、病毒、昆蟲的攻擊，也常面對各種化學毒素、生物毒素、溫度、陽光、煙霧的毒害，而皮膚是我們的第一線防衛。而且皮膚還有調節體溫、傳遞感覺、分泌皮脂、排汗及吸收營養等功能。另外皮膚經由紫外線照射後合成維生素D，可以強健骨骼。

皮膚大致可分為三層：表皮層、真皮層及皮下組織。

● **表皮層**：只有0.1毫米厚，薄如蛋殼，含有四至五層細胞，可防止細胞入侵體內，主要是保護皮膚下的組織。

● **真皮層**：約有1～4毫米厚，包括微血管、汗腺、油脂腺、纖維質母細胞、神經等重要的結構。

● **皮下組織**：皮下組織有如一個軟墊子，是保護骨骼與肌肉的地方，並使皮膚不易受外傷。

新的皮膚在真皮層中形成，然後慢慢推向表皮層，表皮層的細胞會隨著時間流逝而逐漸壞死，變成角質層。無論是在真皮層還是表皮層都含有大量的膠原質，膠原質又稱為膠原蛋白，是皮膚的鋼筋水泥結構，皮膚因為它而充滿彈性，且飽滿無皺紋。

真皮層中分布著黑色素細胞，只要皮膚受到紫外線的侵入，身體就會啟動保護措施，產生黑色素，以過濾紫外線。無論哪一種人種，體內黑色素的細

胞都是一樣多，只是白種人產生的黑色素較少，所以得到皮膚癌的比率較高。

膠原蛋白保持皮膚的彈性

一般人大約過25歲後，皮膚就開始出現衰老的跡象，這是因為纖維母細胞的產能慢慢下降，膠原蛋白流失的速度比生成速度快所導致。

目前在坊間無論是擦的、吃的、喝的保養品，都有膠原蛋白的足跡，到底膠原蛋白的作用是什麼？該怎麼補充最有效？

膠原蛋白分布於人體的結締組織主要成分。皮膚的膠原蛋白存在真皮層裡，是纖維母細胞製造出來的纖維狀蛋白質，具有良好的支撐力，它就像撐起皮膚組織的鋼筋架構，能讓皮膚看起來豐潤。而真皮層中還有另一種彈性纖維，經拉扯之後能迅速縮回，因此能讓皮膚保持彈性。

膠原蛋白具有很強的保濕作用，因為它吸收水分的能力極佳，當我們皮膚角質層的含水量提高時，皮膚看起來就會水嫩水嫩，顯得晶瑩剔透。所以，一旦膠原蛋白被破壞，肌膚看起來就會鬆垮垮的，失去皮膚原本該有的潤澤與彈性。

目前市面上很多產品都強調用擦或吃等方法「補充」膠原蛋白，主要就希望體內的膠原蛋白能充裕不匱乏。但這種「補充法」不如想像中有效。因為，膠原蛋白是大分子的蛋白質，連皮膚的表皮層都很難通過，更不要說要進一步深入到真皮層，「補充」流失的膠原蛋白。至於吃入體內的，有多少的消化吸收率，尚無文獻可證實。

維生素C促膠原蛋白合成

皮膚老化是一條單行道，我們無法阻止老化的發生，不過，我們卻可以延緩老化的過程。

保養皮膚，光是靠塗抹絕對不夠，「吃」才是當紅的保養之道，膠原蛋白裡含較多的胺基酸是脯胺酸（proline）、甘胺酸（glycine）及羥離胺酸（hydroxyly-sine），都是非必需胺基酸，人體可以自行合成，維生素C正是促進膠原合成的主要原料，所以只要適當的飲食多攝取富含維生素C的食物，及適量的蛋白質，自然能修補流失的膠原蛋白。

左旋 *C* 的美白秘密

常常在廣告中可以看到「左旋C挑戰皮膚白皙的極限；左旋C讓您擁有白皙、水嫩、光澤、完美的好膚質」等字句，然而，到底什麼是左旋C呢？

左旋C是維生素C的一種，維生素C被合成出來的時候，一半是左旋性維生素C，另一半則是右旋性維生素C。有如血型有所謂RH陽性與陰性一樣的意思，左旋與右旋就像一陰一陽，或像照鏡子一樣，會有左右相反的形象，雖然左旋與右旋長的很像，但只有左旋才是真正被人體吸收利用的形式。

左旋C外用效果較佳

口服維生素C往往不具美白肌膚的效果，主要是因為由口中攝入的維生素C，經腸胃吸收70％～80％後，輸送到皮膚的比率約只有每日攝取量的7％而已，量實在是太少了。

根據調查，皮膚是人體老化最快速的器官，若不加保養，30歲時就會擁有50歲的肌膚，這並非許多愛美女性所樂見。所以，要擁有好肌膚仍須以外用方式來維持。

左旋 C 的功效

●左旋維生素C抑制酪胺酸的活性

目前最受女性歡迎的護膚方式除了果酸換膚之外，左旋維生素C是美容界的新寵兒，這是因為左旋維生素C對於抗氧化、延緩老化以及抗自由基方面有很好的效果，可以發揮高度的保養效能。

另外左旋 C 抑制酪胺酸的特性，可以防止黑色素生成；也能夠還原黑色素，達到美白、淡斑、防止曬傷的效果。

●左旋維生素C促進膠原蛋白增生

維生素C近年被大量運用在美容手術後的保養，不論拉皮、除皺及雷射治療，都有它的蹤跡。

膠原蛋白是構成真皮最主要成份，

具有快速恢復受傷皮膚，減少血管破裂出血，也可使皮膚不易產皺紋的功能。左旋維生素C可促使「賴氨酸氫化」生成，進而促進膠原蛋白增生，因此成為醫師治療拉皮及雷射後皮膚組織恢復的最佳利器，不論是拉皮、除皺或雷射去斑等美容手術，術前或術後塗抹20％的左旋維生素C都可讓皮膚恢復速度更快。

以磨皮手術為例，磨皮手術後的傷口恢復得需6週以上，但是擦左旋維生素C後，傷口癒合時間縮短成3、4週，時間減少幾近一半，而且術後產生的疤痕也不明顯，又能額外改善青春痘發炎的問題。

所以「左旋維生素C」近年來成了熱門的美容產品，也是皮膚醫學領域的應用的新寵。

左旋C護膚劑的濃度等級

左旋C因濃度差異使得功能大不同，市面上有許多不同種類的左旋C保養液，光是價格就有很大的差異。市面上常見的有水溶液狀、油狀、凝膠、乳霜、乳液、粉末等，通常水溶液的活性與濃度都比乳液、乳霜高，但刺激性也較強。

依照濃度的高低可分為三個等級：

● **初級班**

一般的日常保養品濃度約在5％以下且大多是複合成分，進入肌膚後轉換成真正的被肌膚吸收的左旋維生素C的比例很低。雖然不能突顯左旋C的功效，但較溫和且較普遍。

● **中級班**

「醫藥」通路品牌或高機能保養品，濃度約在7～15％之間，可分為濃縮液與複合成分兩種，通常乾性及敏感性肌膚使用濃度以10％左右較適合。

由於一般高濃度的維生素C對皮膚的負擔較大，因此不建議與刺激性高的果酸、維生素A共同使用。

通常擦了這種高濃度的左旋維生素C，肌膚可以獲得維生素C的量比一般飲食多20到40mg。

● **高級班**

皮膚醫學美容中心都有做左旋C的超音波導入，醫生專用的濃度為20％，需配合專用的儀器使用，才能達到保養換膚的功效。

如何選擇維生素 C 護膚劑

目前市面上的純左旋C產品，標榜的濃度愈來愈高，濃度高就代表抗老或美白的效果一定比較好嗎？

由於左旋C為酸性物質，對皮膚略具刺激性，濃度愈高是否代表效果愈好？那倒不一定，左旋C濃度從0～20％，效果的曲線並不是一條直線，1～10％呈快速上升，因此，化妝保養品濃度在10％左右居多，10～20％療效仍緩慢增加，仍受保養品醫藥通路歡迎，到了濃度20％左右，基本上已經到達所謂的「超飽和效應」，皮膚及膠原細胞並無法吸收超過20％以上的純左旋C，因此，購買超過20％以上的純左旋C產品，也只是浪費金錢罷了，與其強調濃度，純左旋C的「活性」反而更重要。

MAP、AAG、酯化C是美白聖品

●什麼是MAP、AAG

東方人的黑色素較易沉著，在審美角度上又以白皮膚為美，所謂「一白遮三醜」，所以美白的話題從夏天到冬天從未間斷，在坊間不時可以看到各式各樣的美白產品，打著多久可以讓你換一張臉的名號，讓許多女性朋友趨之若鶩。

這些美白的秘密到底是什麼？根據衛生署核准美白的成分包括維生素C磷酸鎂複合物（MAP）、維生素C醣甘（AAG）、雄果素（Arbutin）、麴酸（Kojid Acid）等幾種，雖然衛生署核准的美白成分有這麼多種，其中以維生素C衍生的美白產品對敏感性肌膚刺激性最小，其中包括維生素C磷酸鎂（MAP）、維生素C配醣體、維生素C醣甘（AAG）、葡萄糖維生素Cg、磷酸鎂維生素C（CPMG）等多種不同類型。

這麼多種維生素C衍生物之所以被開發出來，全因為維生素C具備顯著的抗氧化效果，可清除皮膚因紫外線產生的自由基，還可間接的還原黑色素，達到美

白的目的，更讓肌膚的健康度提高，是它受到廣大重視與使用的原因。

●抑制黑色素效果最佳為MAP及AAG

不論哪一種維生素C衍生物，其功能不外乎是還原色素、淡化斑點、除斑防皺等。若是強調抑制黑色素的生成，就屬MAP及AAG的效果最好，根據美容專家表示，MAP能夠將合成黑色素的酪氨酸包裹，使得黑色素無從生長。所以MAP除了針對深層斑點有效果外，對角質層的淺層黑斑也有效。而AAG的功效與MAP差不多，只是其恢復紫外線傷害功效為是MAP的2.12倍。

既然維生素C的功能這麼好，為什麼專家不建議拿檸檬片來敷臉呢？雖然檸檬片富含維生素C，但是維生素C為水溶性成分，要讓水能穿透皮脂滲入細胞是一件非常不容易的事，成分的傳輸與載體是維生素C能否發揮作用的關鍵，所以直接敷檸檬C片恐怕是吸收有限。

酯化C，C族新明星

●更穩定、更易吸收的維生素C衍生物

現在的酯化C的產品，有吃的也有用聲波導入皮膚二大類。由於左旋C需要冷藏來維持安定，所以發展出較安定的酯化C加入美白肌膚列車。酯化C由左旋維生素C和棕櫚油提煉而來，具有超級抗氧化作用，因屬於脂溶性。因此，可以輕易滲透細胞膜的脂表層，供給營養，讓每一個細胞活起來。

●防傳染病、抗癌、抗過敏

酯化C還可抑制致敏原毒素組織胺（Histamine），有助減輕敏感刺激。

另外酯化C 可提高免疫力、抑制自由基，對於抵抗流行性感冒及防癌抗癌等功能更是日漸受到矚目。

有項英國雙盲試驗研究，68位研究者在 60天的研究期間，使用了酯化維生素C的一組，感冒的機率降低。即使發生感冒，其症狀的嚴重程度與症狀的持續時間，都有顯著的緩解與縮短。

防曬聖品—維生素 C

皮膚的無情殺手—紫外線

在國內，只跟抗紫外線扯上關係常被定義為「愛美」的表徵，尤其女性愛惜皮膚比任何事情都重要；但是在國外，接受陽光的洗禮似乎是一種享受，所以隨處可見天體營的景象。

從預防骨質疏鬆的角度，多曬太陽促進維生素D的合成可以增加鈣質吸收，聽起來好像多曬太陽才健康。但現在，許多研究證實，過量紫外線確實會造成身體組織器官損壞。

近年來的研究已經證實紫外線會會加速皮膚暗沉老化，所謂陽光催人老，甚至過度曝曬會引發皮膚癌，增加罹患白內障的機會。另外，陽光也是造成老人斑的最重要因素。

皮膚癌在英國是最常見的癌症，最新的估計顯示，每年約有4,000件惡性黑素瘤發生。在美國，皮膚癌已經是一種很普遍的癌症，每年約有七十萬人得到基底細胞癌及鱗狀細胞癌，雖然致病因素有許多，但90％的原因都是過度日光傷害所造成。

無論是在陽光下或是陰暗處，晴天或是雨天都逃不了紫外線的魔掌，所以隨時隨地最好防曬措施，就是踏出健康的第一步。

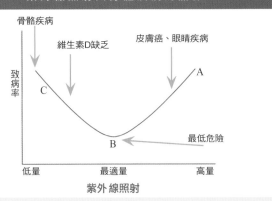

紫外線照射與身體疾病的關係

骨骼疾病

維生素D缺乏

皮膚癌、眼睛疾病

致病率

A

C

最低危險

B

低量　　　　最適量　　　　高量

紫外線照射

紫外線的分類

認識紫外線才能有效抵抗它，所謂知己知彼，百戰百勝嘛。紫外線依照波長的不同對皮膚有不同的危害，共分為ABC三種：

● 紫外線A（UVA）

波長是315～400nm，較不會被臭氧層吸收，日光中有80％都是UVA，穿透力強，可達皮膚的真皮層，使皮膚曬黑，損傷彈性纖維，長期會造成皮膚老化，亦可能誘發皮膚癌。

● 紫外線B（UVB）

波長是280～315nm，部分被臭氧層所吸收，日光中有20％是UVB，其穿透力雖無UVA來的好，只能到達皮膚的表皮，但因能量較高，把皮膚曬紅的程度是UVA的一千倍，所以它是讓皮膚紅腫、脫皮、曬黑，曬傷的罪魁禍首。

● 紫外線C（UVC）

波長為100～280nm，在通過臭氧層時已被吸收，較少對皮膚造成危害。

如何做好防曬工作，皮膚科及美容專家都建議，出門時要擦拭防曬係數15（SPF15）以上的防曬乳液，另外帽子、洋傘、太陽眼鏡也都是缺一不可的防曬工具，在萬事都具備的條件下，體內足夠的維生素C濃度是抗紫外線的最後一道防線喔！

維生素C協助抵抗紫外線

日光中的紫外線穿入真皮層組織中，產生許多光學反應，這些光學反應會產生許多自由基，使得皮膚中的膠原蛋白及彈性蛋白產生許多交叉的組織而導致硬化。

另外，紫外線也會使膠原蛋白提早分解，肌膚失去光澤、彈性、並且產生皺紋，這些自由基也會攻擊正常的細胞，讓細胞癌化。但表皮層及真皮層大量的維生素C可以再生膠原蛋白，來替換皮膚細胞，恢復皮膚的彈性，並且修復這些變異的結構。如果維生素C的濃度不足，無法發揮上述功能，皮膚的老化就會越來越明顯了。

目前有一種「維生素C美白導入儀」，就是利用擊發式的電流增加滲透力，讓維生素C能深入皮膚，增加皮膚對維素C的吸收率，讓真皮的纖維母細胞增生，製造更多的膠原蛋白。

怎樣吃維生素C最健康？

每天應該吃多少？

人體的每天需求量

由於維生素C不是吃多少就能吸收多少，因此維生素C的建議量，除了以飲食攝取量作為依據外，血漿及白血球中維生素C的濃度也是主要評估的指標。

據Gey依文獻回顧後，綜合分析結果發現：血漿中的維生素C濃度為1.0mg/dl時，對心血管疾病及癌症最具有保護作用，而飲食攝取量達到90毫克時，血漿中的維生素C就可以達到此濃度。

另外Levine等人主張應以白血球中維生素C的的濃度代表體內維生素C的營養狀況，以此來計算身體到底要吃進多少的量才算足夠，結果發現當身體攝取50～90mg的量時，白血球中維生素C的濃度達到23mg/dl，抗氧化的功能幾乎可發揮到100％。雖然如此，依舊會有20％

的維生素C從尿中流失，因此將量減至60mg時，抗氧化的能力也降至80％。

所以經由上述的考量訂出維生素C的適量需求量，再考慮到年齡間的差異及現代人環境生活壓力，訂出我國成年人的建議量為100mg。

依年齡的不同，需求量亦不相同：

● **0～6個月的嬰兒**，每天約喝800CC的母乳，而母乳中維生素C的含量為5mg/dl，足夠攝取量為40mg。

● **7～12個月的嬰兒**，除了考量母乳中維生素C的含量之外，還考量到副食品中維生素C的含量，因此這個年齡層的小朋友，每日足夠攝取量為50mg。

● **幼兒、兒童、青少年的建議量以成年人的為主**，並計算不同年齡的標準體重及生長因子。

● **老年人的建議量與成年人一樣**，因為健康的老人與成人體內維生素C的濃度相差不多。不過，隨著年齡的增加，維生素C濃度會漸漸降低，因此要特別注意老年人有無維生素C缺乏的情形。

● **孕婦及哺乳婦要增量**。在懷孕的過程中，孕婦體內維生素C的濃度會隨著懷孕週數增加而降低，目前尚無足夠的文獻來證明真正的降低數值，所以建議每日增加10mg以維持血液中一定的濃度。而哺乳的媽媽每日應增加40mg以符合嬰兒所需。

你應該增加攝取量嗎？

　　每日攝取60mg維生素C即可預防壞血病並可維持基本的健康，但生活中有許多不同的情況會增加我們對維生素C的需求，如果有下列的情況時應增加維生素C的攝取量。

● **當你有傷口時**

　　無論是手術、骨折、扭傷、創傷、燒傷或是其他原因所造成的傷口，身體都需要膠原去修護傷口。這時候，如果身體有豐富的維生素C就可幫助各種不同形式傷口快速復原，尤其外科手術後，

國人營養素每日攝取參考量（DRIs）	
年　　齡	維生素C（毫克）
嬰兒	
0 個月	AI=40
3 個月	AI=40
6 個月	AI=40
9 個月	AI=50
兒童	
1～3歲	40
4～6歲	50
7～9歲	60
10～12歲	80
13～15歲	90
16～18歲	100
成人	
19～30歲	100
31～50歲	100
51～70歲	100
71歲以上	100
懷孕第一期	+10
懷孕第二期	+10
懷孕第三期	+10
哺乳期	+40

AI＝足夠攝取量

血液中維生素C的濃度較低，因此建議手術前2週及手術後4週，每日給予1000mg以幫助傷口復原並且預防傷口感染。

●當你生病或有流行性感冒時

有病毒入侵時，會啟動體內的免疫系統來對抗病菌及病毒，此時免疫系統需要高濃度的維生素C來維持其功能，若維生素C的濃度不足，將會延長病程。

另外身體也需要維生素C來製造荷爾蒙，以維持體內平衡，所以，生病時應多補充維生素C，可以讓疾病或感冒快快痊癒。

●當你懷孕或是哺乳時

無論是懷孕或是哺乳時，都應增加維生素C的攝取，以提供足夠的量給母親及寶寶。雖然過多的量會由尿液中排除，但仍有許多營養專家建議，懷孕的婦女最好不要超過1～2公克。

維 生 素 C 小 辭 典

女性特別需要的營養素

抗老化：維生素A、維生素B6、維生素C、維生素E

美白肌膚：維生素A、維生素B2、維生素B6、維生素C、維生素E

生理痛：維生素A、維生素B1、維生素B6、維生素B12、維生素C、維生素E

貧血：維生素B6、維生素B12、維生素C、維生素E、葉酸、菸鹼酸

更年期：維生素B1、維生素B2、維生素B6、維生素B12、維生素C、維生素D、維生素E、葉酸、菸鹼酸。

Knowledge

維生素 C 不足會發生哪些問題

你有缺乏維生素C嗎？

前面已經談過維生素C最主要功能就是抗壞血酸，所以如果有好幾個星期在飲食中都沒有含維生素C的食物時，就很容易出現壞血病的症狀。

當有輕微的維生素C缺乏時，牙齒並無任何症狀，但是身體時常易感到疲倦、厭煩，食慾不佳、肌肉無力，情緒上也容易出現暴躁的情形。漸漸地牙齦會出現流血，身體上也容易出現瘀青的現象，如果有傷口，也會出現不易癒合的情形，甚至引發貧血。

在歐美國家，輕度的壞血病是常見的現象，尤其是在冬天更容易出現，因為冬天不易吃到新鮮的蔬果，在東方，這樣的情形較少發生，因為亞熱帶的蔬果大部分都含有豐富的維生素C。

哪些人易有缺乏症

依據美國人飲食習慣的研究中發現，大部分的人每天從飲食中約只能獲取70～80mg的維生素C。若只靠飲食來獲取，一般是無法達到維生素C的建議量。如果您有以下任何一種情形，應該攝取更多的維生素C，否則易有維生素C缺乏的現象產生：

● 癮君子

抽菸會快速分解體內的維生素C，應增加攝取量，以抵抗菸分子侵害體內的細胞。研究中指出，無論是抽菸者或是暴露在二手菸的環境中者，其血液中維生素C濃度均比非抽煙者低。

根據體外實驗指出，一根煙就會消耗掉體內0.8mg的維生素C，因此如果一天要抽2包菸的癮君子，會增加體內32mg的耗損量，體內維生素C的將濃度漸漸降低。加拿大渥太華大學的博士說，每天抽20根以上的香煙會使血液中維生素C的濃度減少40%。且缺乏維生素C會使抽菸的孩童發生氣喘的比例增加。

●糖尿病患

身體中缺乏胰島素的作用，血糖代謝異常時，維生素C不易進入細胞中執行正常功能。因此糖尿病患者或是有血糖異常的的人，對於維生素C的需求量較一般人多。

●過敏或氣喘者

維生素C具有抵抗氣喘及過敏反應的功能，尤其是當氣喘發作時，體內的維生素C會消耗殆盡，在1973年以後有許多維生素C與氣喘相關的研究中也證實，氣喘病患每日補充1000到2000毫克的維生素C，可使其呼吸功能及氣喘得到顯著的改善。因此有呼吸道過敏的人，平日就應該多吃維生素C來保養身體。

●承受很大的生理及心理壓力時

當身體處於壓力時狀態時，體內各系統會過度操勞，消耗維生素C的速度也額外地增快。在現代工作壓力大的社會裡，應多補充一點維生素C來保養身體。

●老年人

老人對於維生素C的需求較一般人多，尤其是有服用藥物的老人，很容易因為藥物的作用而影響維生素C的吸收率。如果是獨居老人或是居住在護理之家的老人，可能無法攝取到足夠的新鮮蔬果，自然維生素C的攝取也不足了。

另外，有項針對波士頓633名的老人進行阿茲海默症的研究，經過3~4年的追蹤，發現服用維生素C及維生素E的老人均未罹患阿茲海默症，因此維生素C及維生素E攝取足夠者能降低罹患阿茲海默症的危險。

●慣常性服用抗生素、阿斯匹靈、避孕丸或類固醇的人

當你有服用以上藥物時，這些藥物不是阻礙維生素C於體內的吸收，就是加速維生素C的分解，因此對於維生素C需求相對也增加。

●酗酒習慣者

酗酒的人一般飲食會不正常，自然由飲食中獲取的維生素C會有不足的現象，又加上酒精會破壞維生素C，因此對於維生素C的需求量會提高。

維生素 C 過量對身體的傷害

雖然飲食建議量每一個人每一天只要100mg的維生素C就足夠身體所需，也就是每天有吃兩顆橘子或芭樂就可達到此劑量，因此許多學者建議不用特別吃維生素C片來補充。

雖然理論上是如此，但現代人生活壓力大，精神上的負擔也大，到處充斥著憂鬱症的新聞，因此攝取足夠的維生素C可讓我們身心健康，許多營養學者也認為，應該尋求一個更適當的劑量來預防生理及心理疾病。

究竟多少劑量才不會造成身體負擔且有具有保健的效果，目前無明確的定論，美國許多專家學者建議至少攝取250mg以上的維生素C，尤其有疾病或是生理壓力時應增加為500～1000mg，抽菸者更應攝取1000mg以上的劑量。

無論如何，吃維生素C還是要謹守中庸之道，過與不及都不好，畢竟過多的營養素對身體還是一種負擔。

過量時，腸胃負擔大

一般民眾平常吃的維生素C片，大概都是500～1000mg的高劑量，若一天攝取量超過2000mg，或是一次突然攝取很大的劑量時，就會常出現腹瀉的副作用。若發生這種情形，應該立刻減量至每日維生素C的建議量，直到身體回覆到正常的狀態為止；若是想再增加劑量則應漸漸增加，不可以一次增加太快。

干擾生理檢查結果

大劑量的維生素C會影響血糖檢測及血液中血色素的數值，並且尿液中會有草酸鈣的沉積，糞便中也會發生潛血反應，這樣會影響報告判讀結果。因此，如果計劃要做身體檢查，建議在檢查前幾天勿服用大劑量的維生素C，以免影響檢查結果。

維 生 素 C 的 功 用

維生素C不足時

維生素C的功效

容易感冒、免疫力降低

預防貧血、緩解壓力和疲勞

預防白內障

肌膚缺乏彈性、出現皺紋雀斑

預防壞血病

容易疲勞

改善氣喘

維持肌膚彈性。強健黏膜及骨骼

抑制過敏反應

貧血、壞血病

孕哺乳婦、貧血的人、牙齦容易出血的人、經常感冒的人、抽菸的人、壓力過大的人、過敏氣喘的人、酗酒習慣的人、老年人、經常服用藥物的人、糖尿病患

Knowledge

服用抗凝血藥物的病人要小心

高劑量維生素C和抗凝血藥warfarin一起服用時，可能會延長凝血時間，而造成出血的危險。

維生素C過量會導致結石嗎？

服用維生素C到底會不會結石，到現在人們還是有很大的迷思。我們先來談談結石是什麼，結石的產生與飲食習慣及個人體質有關，結石的原因及種類很多，草酸結石只是其中一種。

雖然維生素C代謝到最後會變成草酸，畢竟也只是部分的來源，況且過多的維生素C，也會超過腸胃道的吸收值，因此會由尿液中排出體外，並不會在體內堆積。所以服用維生素C補充劑，會增加一點點體內草酸的量，但是還不至於造成結石。

根據最近的研究，沒有任何可說明維生素C會造成結石的根據。事實上，自1986年就一直持續進行的一個研究中說明，血液中維生素C濃度越高，腎結石的危險機率反而越低。在1999年更證實了，血液中維生素C濃度增加並不會增加腎結石的危險。

美國有一個維生素C與膽結石的研究中，發現血液中有高維生素C濃度的女性，得到膽結石的機率較低，不過此相關性在男性中並不顯著。專家推測認為是因為雌性激素會促進膽汁內的膽固醇結集，而維生素 C可抑制此作用，雖然研究結果如是呈現，還是一句老話，適量即可。

維生素C在哪裡？

哪裡可以取得維生素C？

食物中，維生素C含量較豐富的多以蔬菜、水果為主，平均每100公克蔬菜中，維生素C含量約50～100毫克，其中更以深綠色的蔬菜含量最豐富；平均每100公克的水果維生素C含量也有50～70毫克，尤以芭樂居第一位。

由於水果較蔬菜受到大眾的喜愛，可以吃入的量較多，所以在日常飲食中水果不知不覺成為維生素C的主要來源。

那些食物含量最豐富？

●顏色越深綠色的蔬菜維生素C含量越多

在各式蔬菜中，顏色越深綠色的蔬菜，所含的維生素C量越多，例如油菜、花椰菜、青花菜等，顏色偏淡綠色或是非綠色的青菜其含量就略少一些，像是馬鈴薯、蘿蔔等，另外值得一提的是綠豆芽雖然不是深綠色青菜，但是其含量卻很豐富，因此也鼓勵大家多多食用。

●蔬菜的不同部位，維生素C含量亦不同

雖然說越深綠的蔬菜維生素C的含量越多，但相同種類的蔬菜，在不同的部位，維生素C的含量也有差異：

- **葉菜類**：以葉子的含量最高，其次是嫩葉部分，莖及根部的含量最少，所以菜葉的部分是維生素C的精華所在。

- **高麗菜類**：這類青菜維生素C的含量分布由內外向中間遞減，也就是說以外葉及蕊葉的含量最多，中葉的部分含量較少。

- **根類**：包括有蔥、蘿蔔、小黃瓜、蕪菁等食物。以綠葉部分含量最豐富，其次是皮的部分，所以最好是

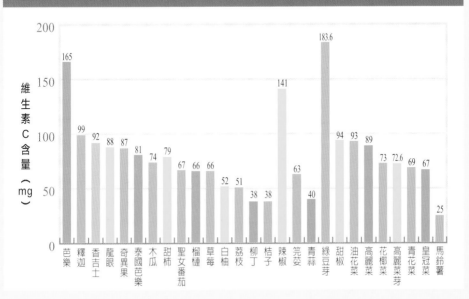

蔬果中維生素C的含量（每100公克）

維生素C含量（mg）

200
165
150
99 92 88 87
100 81 74 79
67 66 66
52 51
50 38 38
141
63
40
183.6
94 93 89
73 72.6 69 67
25
0

芭樂 釋迦 香吉士 龍眼 奇異果 泰國芭樂 木瓜 甜柿 聖女番茄 榴槤 草莓 白柚 荔枝 柳丁 桔子 辣椒 茞荽 青蒜 綠豆芽 甜椒 油花菜 高麗菜 花椰菜 高麗菜芽 青花菜 皇冠菜 馬鈴薯

連綠葉帶皮一起吃，獲取量最多。

■ 莖類：包括有洋蔥、蓮藕、牛蒡、馬鈴薯、地瓜等食物。含量最豐富的是在皮的部分，越靠近皮的部分含量越豐富，所以平時捨棄不吃的部份，往往具有極高的營養價值，因此建議，若非削皮不可，皮要削薄一點，以免浪費了最精華的部分。

● 各類水果維生素C的含量

　　各式水果中，含量最豐富的首推芭樂、釋迦、奇異果、甜柿、草莓含量也很豐富，但由於維生素C在酸性水果中較穩定，所以橘橼類的水果是很好的來源，像是橘子、柳丁、檸檬、柚子等。

　　台灣的蔬果產量甚豐，如果每日能適量攝取蔬果，很少會有維生素C缺乏症出現。

維生素 C 的保存與獲取

影響維生素 C 含量的因素

維生素C除了易受光、溫度、酸鹼值、重金屬影響之外，不同季節、不同的栽培方法、不同的保存條件、不同的烹調方法都會影響維生素C的含量。

●季節

每一種蔬菜都有自己適合生長的季節，像菠菜是屬於冬季的蔬菜，如果以夏季（6～7月）所採收的菠菜與冬季（11～12月）相比較，夏季波菜維生素C的含量僅有冬季的約三分之一。

維 生 素 C 小 辭 典

維生素P的功能
- ●保持微血管的穿透性，強化血管壁，防止血管硬化。
- ●幫助維生素C吸收。
- ●具有血管收縮作用和降血壓的功效。
- ●穩定更年期的發熱。

Knowledge

另外番茄是6～9月盛產的蔬菜，根據日本食品成分表分析，此時期的維生素C含量也較多，因此選擇食用當令蔬菜是營養又經濟的方法。

●栽培方法

每種蔬菜會因不同的栽培方法而影響到食物本身的營養價值，像是番茄、小黃瓜、萵苣適合室外栽種，若改為室內栽種則維生素C含量降為原來的一半。

另外高麗菜、青椒適合室內栽種，若改為室外栽種則維生素C會減少約三分之一的量。

●保存條件

維生素C易受溫度影響，儲存的溫度越高、時間越久，維生素C的含有率就越少。最佳保存蔬菜的方法就是將蔬菜存放在0～5℃的冷藏庫中，約3～5天內食用完畢，可保存90～95％的維生素C。

不過葉菜類的蔬菜僅能保有85％的維生素C，所以建議葉菜類的蔬菜最好能

當天買來，最晚翌日食用，方能獲取90％的維生素C。

● **烹調時間**

在處理食材的過程中，常會有許多不同的程序，從洗滌、切割、浸泡到烹調，每一個步驟都會造成維生素C的流失，就算是打新鮮的蔬菜汁也會因攪打的時間而影響，通常攪打一分鐘的時間約損失10％，攪打三分鐘損失率可高達75％。川燙蔬菜時，一分鐘約損失25％，五分鐘損失率即高達50％。

● **烹調方法**

不同的烹飪方式，蔬菜中維生素C的損失率均不同，不加蓋煮損失40％；加蓋煮損失50％，蒸損失20％，油炸損失20％，炒損失20％，醃漬損失30％。

維生素P幫助維生素C吸收

食物中有許多「植物性化學因子」可保護我們的身體，像生物類黃酮就是其中一種。生物類黃酮（bioflavonoids）是一種相當安定營養素，俗稱維生素P，

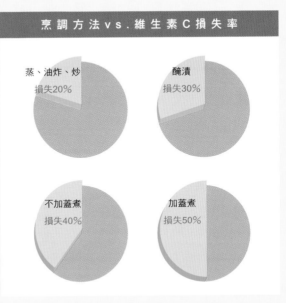

烹調方法 vs. 維生素C損失率

蒸、油炸、炒
損失20％

醃漬
損失30％

不加蓋煮
損失40％

加蓋煮
損失50％

可增加維生素C的活性，預防維生素C被氧化，進而促進維生素C吸收，所以在食物中很自然地與維生素C為伍。

生物類黃酮是柑橘類中提供黃色與橙色的物質，所以在黃橙色的食物中（檸檬、柳橙、葡萄柚）都可以見到他的蹤跡，尤其是在外皮與果肉間的白色皮層含量最豐富，另外在葡萄、杏仁、蕎麥、黑莓、櫻桃、馬鈴薯、青椒中的含量也不少，因此選擇高維生素C的食物的同時，也選擇了生物類黃酮含量豐富的食物。

Easy cooking

維生素C
優質食譜

食物，除了維持生命，帶來飽足，也為人們創造幸福。

8種食材介紹，16道簡易做法，讓你健康、美麗又自信。

- ■ 番石榴
- ■ 檸檬
- ■ 柑橘類
- ■ 奇異果
- ■ 草莓
- ■ 高麗菜
- ■ 花椰菜
- ■ 甜椒

維生素 C
*Easy
cooking*

番石榴 ■80.7mg／100g

食材簡介 芭樂，英文名字為Guava，為桃金孃科，常綠多年生灌木植物，原產於熱帶美洲。約三百年前，大陸移民渡海來台，帶了番石榴到台灣種植，先民將之俗稱為「哪拔」、「拔籽」，近年來為美化其名，也稱為「芭樂」，目前品種以泰國芭樂、世紀芭樂、龍鳳芭樂（又稱珍珠芭樂）為市場主流。

芭樂富含維生素C和β胡蘿蔔素及鉀離子，β胡蘿蔔素是很強的抗氧化劑，可防止細胞遭受破壞，預防動脈粥狀硬化的發生。維生素C可提高免疫力，幫助身體抵抗感染病。鉀離子可幫助維持正常的血壓及心臟功能。芭樂除了生食外，也可做成醃漬成果乾，或將葉片、果實曬乾，沖泡茶飲用。

營養師小叮嚀： 產期則全年皆有，但以9～11月為盛產期，而這段時期果實品質最佳，是消費者享用的好時期。

1 芭樂拌烤培根

2 麻醬芭樂雞絲

■ **材料**：泰國芭樂200克（去籽）、培根30克。

■ **調味料**：辣油1/2大匙、梅醋1小匙。

■ **做法**：

1. 芭樂去籽切片，培根切小片，150度烤5分鐘至酥脆。

2. 芭樂加培根及調味料拌勻後，盛盤。

■ **材料**：泰國芭樂70克、雞胸肉40克、涼粉皮20克。

■ **醬汁**：芝麻醬1大匙、花生醬1/2大匙、糖1/2大匙、薑汁1小匙、醬油1/2大匙。

■ **做法**：

1. 醬汁混合調勻。

2. 芭樂去籽切絲，雞胸肉蒸熟放涼切絲，粉皮泡發後切絲。

3. 取一大盤，依序放粉皮絲、芭樂絲、雞絲後，淋上醬汁即可。

Easy cooking 番石榴食譜

檸檬 ▢27mg／100g

食材簡介 想要防止色素沈著，維持淨白肌膚嗎？不要懷疑，檸檬絕對可以幫這個忙。檸檬特有的檸檬酸，能分解皮下積聚的色素粒子，可防止和消除皮膚色素沈著，並能促進肌膚的新陳代謝、延緩衰老；檸檬酸與鈣離子含結合成螯合物，能降低尿液的含鈣量，防止結石形成。檸檬還蘊含多種營養素，如維生素A、C、E和B1、B2，以及必需的微量元素鈣、磷、鐵、鋅及鎂等。

檸檬除了鮮果生食外，還可加工成清涼飲料、果汁、果醬及罐頭，現在餐廳常以檸檬水代替白開水，就是因為檸檬能促進胃液分泌，增加胃腸蠕動，有助於消化吸收。檸檬還具安胎作用，孕婦一天一顆檸檬，有助於胎兒及母體，故廣東也將檸檬稱為「宜母子」。

營養師 小叮嚀：想防止已經切開的蔬果變黑，可在切割面上噴一點檸檬汁、即可。

1 椒麻雞

2 檸香雞球

■**材料**：萵苣60克、雞腿1隻（230克）、醬油1小
　匙、沙拉油1杯。

■**調味料**：蒜頭10克、薑10克、辣椒10克、香菜10
　克、檸檬汁1大匙、醋。

■**做法**：

1.蒜頭、薑、辣椒、香菜洗淨切細末，加入檸檬汁、
　醋攪拌後淨置12小時。

2.萵苣洗淨切絲，排盤；雞腿加醬油略醃25分鐘，
　入炸鍋炸熟，裝盤，食用前淋上醬汁。

■**材料**：檸檬1顆、甜豆莢40克、雞胸肉70克、豆腐
　30克、辣椒末1/2小匙、薑末1/2小匙、沙拉油2大
　杯。

■**調味料**：太白粉1/2大匙、糖1小匙、鹽1小匙。

■**做法**：

1.檸檬榨汁，甜豆洗淨切菱形。

2.雞胸肉切末加豆腐及少許太白粉，拌成餡料，擠成
　丸子。

3.起油鍋，將丸子入鍋炸至金黃取出，甜豆過油備
　用。

4.留1小匙油於炸鍋，入辣椒、薑末爆香，加入檸檬
　汁、糖、雞球略燒，調味勾欠，最後加甜豆略拌即
　可起鍋。

Easy cooking 檸檬食譜

柑橘類 柳丁 ■31mg／100g

食材簡介 柑橘有著黃金色的外表及內在，維生素C的含量更是首屈一指。

維生素C是身體首要的抗氧化劑之一，可以增強免疫力，幫助身體從食物吸收鐵質。柑橘類還富含檸檬黃素，這是酸味的來源，研究顯示檸檬黃素能減緩好幾種病毒複製的速度，也可以減少發炎、降低高血壓，增加好的膽固醇，同時降低壞的膽固醇的含量。

柑橘除了富含維生素C、檸檬黃素外，還含有可溶性纖維果膠，鉀及葉酸，所以可以降低血壓，預防心血管疾病。

營養師小叮嚀：4顆柳丁才能榨成一杯500c.c的柳橙原汁，限糖飲食者，應小心飲用。

①柳橙煎餅

②香橙蛋蜜汁

■**材料**：柳橙3個、低筋麵粉40克、水20c.c、糖1大匙、雞蛋1個、沙拉油1小匙。

■**調味料**：白蘭地少許。

■**做法**：

1.柳橙洗淨榨汁。

2.低筋麵粉加水、糖、雞蛋調成麵糊。

3.熱鍋約六分熱，加入麵糊倒入鍋中煎成麵皮。

4.煎好之麵皮摺成1/4扇狀，倒入柳橙汁、糖，小火燒至汁收乾，淋上白蘭地，取出排盤。

■**材料**：柳丁2個、蛋黃1個、檸檬汁1小匙、可爾必思2大匙、開水100c.c。

■**做法**：

1.柳丁洗淨壓汁，與其他材料一起放入果汁機中略打即可盛杯。

Easy cooking 柑橘類食譜

美顏維生素

C

奇異果 ■87mg／100g

食材簡介有著毛茸茸外表的奇異果，英文名稱為kiwi，原產地於中國長江沿岸，當地人稱之為「楊桃」（yangtao），後來於紐西蘭栽培出口，紐西蘭人才將其命名為「奇異果」。

奇異果是攝取維生素和礦物質超棒的來源，一顆奇異果幾乎含一天維生素C的需要量，另還含有大量的鉀、鎂、葉黃素及膳食纖維。鉀離子可以調節體內水分的平衡，維持正常的血壓及心臟功能。膳食纖維能促進腸道蠕動，改善便秘，還能增加飽足感，適合減重的人食用。

中醫的觀點認為，奇異果味酸、甘，性寒，有清熱生津、利尿健脾的功效。但因為性寒，易傷胃引起腹瀉，不宜過量食用，尤其是腸胃功能較差的人，最好少吃。

營養師小叮嚀：奇異果雖富含鉀離子，但需要限制鉀離子攝取量或腎臟病患，應小心攝取。

① 奇幻之飲

② Kiwi 鱸魚捲

■ **材料**：奇異果1個、優格4大匙、黃金奇異果1個、碎冰1杯。

■ **做法**：

1. 奇異果去皮，一半切丁，放入杯中，另一半加2匙優格以果汁機打成汁。

2. 黃金奇異果去皮加碎冰打成冰沙，倒入杯中，再加入奇異果優格汁，最後在加入2匙優格。

■ **材料**：鱸魚淨肉180克、胡蘿蔔25克、玉米筍30克、奇異果110克、香菜5克。

■ **醃料**：鹽1/3小匙、胡椒少許、檸檬汁1小匙。

■ **調味料**：糖1小匙、玉米粉少許。

1. 鱸魚淨肉醃鹽、胡椒、檸檬汁約10分鐘。

2. 胡蘿蔔去皮切條，玉米筍洗淨，奇異果去皮壓泥。

3. 取鱸魚肉，分別放上胡蘿蔔條、玉米筍，捲起以牙籤固定。

4. 將鱸魚捲放入蒸籠蒸約7分鐘後取出。

5. 奇異果泥加上糖，以玉米粉勾芡，煮熟後淋於鱸魚捲上，最後擺上香菜即可。

Easy cooking 奇異果食譜

美顏維生素
Ⓒ

草莓 ■66mg／100g

食材簡介 草莓有著艷麗的外表，內在果肉多汁，酸甜可口，還有特殊的香味，可說是一種難得的色、香、味俱佳的水果；草莓屬於薔薇科多年草本植物，果實由花托發育而成，為肉質聚合果，與一般水果由子房發育而來不同。

草莓營養豐富，具有抗氧化能力的花青素；預防食道和結腸腫瘤的鞣花酸（ellagic acid），鞣花酸能緩和侵襲細胞的致癌物質，預防腫瘤的擴大。又含豐富的維生素C，可以提升肌膚新陳代謝，改善黑斑、雀斑、面皰等問題，每100公克草莓的果肉，含有50-100毫克的維生素C，也就是說只要五顆，就可以達到一天的攝取量。

營養師 小叮嚀：草莓表面粗造，污物不易洗去，還有農藥殘留的問題，食用前要用流動清水仔細清洗。

① 草莓牛角

② 草莓牛奶凍

■ **材料**：草莓200克（約10顆）、鮮奶油3大匙、牛角
　麵包1個

■ **做法**：

1. 草莓洗淨，5顆入果汁機打成汁。

2. 鮮奶油加入草莓果汁打發成草莓奶油。

3. 牛角麵包對半切一刀不要切斷，擠入草莓奶油，上
　方在擺上草莓即可。

■ **材料**：草莓12粒、牛奶600c.c、玉米粉20克、糖
　30克、蜂蜜1小匙。

■ **做法**：

1. 草莓洗淨去蒂，切半備用。

2. 牛奶、玉米粉、糖加熱攪拌至稠狀離火，分裝於小
　杯中，入冰箱冷藏使其凝結。

3. 將牛奶凍扣於盤上，擺上草莓，淋少許蜂蜜即可。

Easy cooking 草莓食譜

高麗菜 ▮89mg／100公克

食材簡介 原名甘藍菜，英文名為Cabbage，原產於歐洲，台灣在荷蘭人佔領時引進栽培，俗稱甘藍為高麗菜，種類有很多，包括綠葉甘藍、甘藍菜球及紫甘藍。高麗菜味道輕甜爽口，沒有一般蔬菜的苦澀味，是一種非常大眾化的食材。

甘藍屬於十字花科，抗氧化物質豐富，也含有許多抗癌成分，其中所含的維生素K1、U是抗潰瘍因子，能修復體內受傷組織，所以甘藍也被稱為廚房的「天然胃菜」。甘藍還富含葉黃素，能對抗退化性黃斑性病變，保護眼睛健康。

營養師小叮嚀：高麗菜購買時挑選葉子有光澤、菜球緊密、沉重結實者為佳。

① 高麗泡菜

② 高麗鮪魚捲

- ■ **材料**：高麗菜100克、胡蘿蔔20克、辣椒3根、蒜頭10克、薑片10克。
- ■ **調味料**：鹽1/4小匙、糖2大匙、醋3大匙、香油1/2大匙。
- ■ **做法**：
1. 高麗菜撕成小塊狀，胡蘿蔔切成片狀、辣椒切小段、蒜頭拍碎。
2. 高麗菜加鹽拌勻醃約15分鐘，瀝除水分，續加入辣椒、蒜、薑片、糖、醋，醃約2天，即可盛盤。

- ■ **材料**：高麗菜100克、蛋皮15克、鮪魚罐頭60克、太白粉1小匙。
- ■ **麵糊**：麵粉1/2大匙、水1小匙。
- ■ **做法**：
1. 高麗菜剝葉川燙至熟，蛋皮切絲，鮪魚壓碎。
2. 高麗菜鋪平灑上少許太白粉，鋪上蛋皮、鮪魚，捲起，以麵糊封口。
3. 起蒸籠，待水滾，蒸8分鐘，取出切塊裝盤。

Easy cooking 高麗菜食譜

花椰菜 ▪ 73mg／100公克

食材簡介 花椰菜又名「菜花」或「花菜」，英文名字為Cauliflower，有白色及綠色兩種，秋、冬、春季為盛產期，夏季則產於高冷地區。

花椰菜屬十字花科蔬菜，同科的蔬菜還有高麗菜、大白菜、小白菜、芥藍菜、白蘿蔔等，因含有含硫化合物（Sulforaphane），所以煮熟後會有刺鼻的味道。

花椰菜蘊含豐富的抗氧化物質、纖維素及抗癌成分，其中的蘿蔔硫素產生麩胺硫轉移酵素，已經被證明可以用來防癌。也含有Indol-3 Carbonal，可以增進女性雌激素的分泌，預防乳癌。花椰菜富含維生素C、B1及胡蘿蔔素、鈣、硫、鉀及少量的硒，硒具有抗癌的功效，也可預防心血管疾病和關節炎症狀。

> **營養師小叮嚀：** 花椰菜的莖營養也很豐富，將皮削去，以食鹽搓揉後洗淨，再醃醬油、糖，就是一道可口的小菜了。

美顏維生素

C

55

①花盒

②蟹粉燴花椰

■ **材料**：花椰菜100克、瓠瓜乾4段（每段約10公分）、起司4片、調味的四方壽司皮4個。

■ **做法**：

1. 花椰菜洗淨切小朵花，川燙備用；瓠瓜乾洗淨泡水1小時。

2. 起司切小片與花椰菜拌勻，填入壽司皮中，以瓠瓜乾綁好。

3. 起蒸籠，水沸後蒸12分鐘，取出即可食用。

■ **小叮嚀**：起司片已有鹽分，因此不需再加鹽。

■ **材料**：紅蟳1隻（220克）、花椰菜120克、薑末5克、沙拉油1大匙、太白粉1小匙。

■ **調味料**：鹽3克、糖2克、胡椒粉3克、酒5克。

■ **做法**：

1. 紅蟳洗淨，切開蒸熟，挖出蟹肉、蟹黃備用。

2. 起油鍋下薑末爆香，續加入花椰菜略炒，取出盛盤。

3. 再將蟹肉、蟹黃以太白粉水勾芡，淋於花椰菜上。

Easy cooking 花椰菜食譜

美顏維生素

C

甜椒 ■94mg／100公克

食材簡介 甜椒別名彩椒，原產於熱帶美洲祕魯、智利一帶。甜椒在幼果期即被採收，就是我們現在吃到的「青椒」，果實成熟後，果色可由綠色轉變為黃色、紅色、橘色、橘紅色、巧克力色，所以被稱為「彩色甜椒」。

幼果時期的甜椒，具特殊的辛味，較適合烹炒食用。成熟期的甜椒，顏色豐富，營養價值較高，尤其是甜度的提升，使得甜椒適合生鮮食用。

近年來，國人的飲食習慣，由大魚大肉的時代，漸漸轉變成重視養生及食物原味的攝取。甜椒是絕佳的生菜沙拉蔬菜，熱量低、顏色豐富，可刺激食慾，營養成分更是不輸人，富含維生素C及β胡蘿蔔素，更名列抗氧化食物的前十名之一。

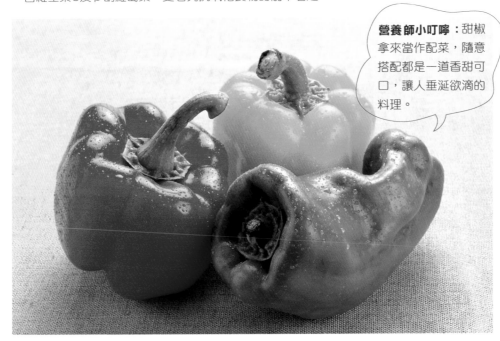

營養師小叮嚀：甜椒拿來當作配菜，隨意搭配都是一道香甜可口，讓人垂涎欲滴的料理。

①彩椒墨魚

②彩椒沙拉

- ■ **材料**：三色彩椒60克、墨魚150克、檸檬葉5葉、
  橄欖油1大匙。
- ■ **調味料**：鹽1/3小匙、糖1/3小匙、白酒1小匙、魚
  露1大匙、黑胡椒少許。
- ■ **做法**：
- **1.**三色彩椒洗淨切菱形片，墨魚切片。
- **2.**取半杯熱開水，放入檸檬葉泡至出味。
- **3.**彩椒、墨魚川燙至熟後沖涼，瀝乾水分，置於湯碗
  中加入檸檬葉水及調味料醃漬12小時。
- **4.**將醃汁瀝乾，裝盤即可。

- ■ **材料**：三色彩椒80克、百合15克。
- ■ **油醋醬**：洋蔥碎15克、紅辣椒碎5克、香菜梗碎10
  克、九層塔碎5克、白酒醋2大匙、黑胡椒粒少
  許、糖1/2大匙、鹽少許、橄欖油2大匙。
- ■ **做法**：
- **1.**將油醋醬混合均勻備用；彩椒去籽切菱形片，置於
  流水中沖洗約1分鐘，取出瀝乾；百合洗淨剝成
  片，川燙備用。
- **2.**將彩椒、百合與油醋醬混合拌勻，裝盤即可。

Easy cooking 甜椒食譜

美顏維生素

Ⓒ

Supplement
市售維生素C
補充品

有人說，吃太多維生素C會造成結石，這種說法對嗎？合成的和天然的維生素C哪種比較好？

如何選擇市售維生素C補充品……

這些常見的疑問，本章將在此細說分明。

■ 選購市售維生素C補充品小常識
■ 常見市售維生素C補充品介紹

維生素 C
Supplement

選購市售維生素C補充品小常識

Q1 吃太多維生素C會造成結石嗎？

有一陣子流傳維生素C代謝的草酸會造成泌尿道結石，嚇的結石的人對維生素C避之唯恐不及。

其實結石的種類非常多種，草酸結石只是其中之一，會產生結石的人代謝能力往往較差，應多喝水來加強代謝。

至於維生素C會不會造成草酸結石？許多研究發現，攝取高劑量（每日1500～2000毫克）的維生素C後，多餘的維生素C會由尿液排出，而且是以未經代謝的原型排出，應不會增加結石的機率。

Q2 每天應該吃多少？到底該買多少劑量的才好呢？

目前已依維生素C預防缺乏症的標準，制定明確的維生素C的攝取量。但有越來越多的研究證實，維生素C不只用於預防缺乏症的發生，對於改善慢性病也有顯著的功效。

如果服用維生素C的目的只是為了保養身體，就按照每日國人營養素建議量攝取即可，每日量為100mg。而特殊族群，例如壓力大、抽煙、經常感冒者每日應達250～500mg的劑量才足夠。

0～3歲的嬰幼兒，每日只需40mg，但是坊間最低劑量至少100mg，如果每天當成糖果吃好幾顆，服用長期之後，突然停止，可能會出現缺乏症，不可不慎。

Q3 合成的維生素C對身體好嗎？

許多人不愛吃青菜水果，反而借助市售的維生素C補充品來滿足身體所需，這種方式對身體好嗎？

雖然市售的維生素C可分為化學合成及天然水果提煉二種，但仍建議盡量由新鮮食物來獲取維生素C，因為食物中有除了有維生素C外，還含有許多植物化學因子，這些植物化學因子所扮演的接駁車的角色，會把維生素C運往吸收區，促進維生素C的吸收。每天僅要吃2份水果及3份蔬菜，就可以達身體所需了。

Q4 如何選購維生素C？

維生素C片有天然水果提煉的也有化學合成的，到底哪一種較好呢？

購買時，你會注意到通常在外包裝上會寫ascorbic acid（抗壞血酸），它是

維生素C的學名。天然的大部分是由檸檬、柑橘、蘋果等水果中萃取；非天然的維生素C則大多是由葡萄糖合成（因為它的結構與六碳醣相似），屬於一種構造簡單的有機酸，具有強烈的還原性。而不管是天然的或是化學合成的在人體內的運作、功能都一樣。

市售維生素C補充品多為口含錠型，每顆劑量約為500mg，在體內的吸收率僅次於液狀的產品。若要快速吸收則建議選用發泡錠，以冷水沖泡，避免破壞維生素C的結構。

由於維生素C易因溫度、濕度而受潮氧化，開封後須置於冰箱儲存，包裝內部的小包乾燥劑不要拿掉以防止受潮，也要避免與空氣接觸以免氧化。

Q5 吃多少就吸收多少嗎？

就攝取程度而言，從食物中攝取維生素C不超過100mg時大部分吸收率達100%。如果攝取記量高達500～1000mg時，吸收率就會逐漸降低。所以維生素C每次攝取量不要太高，既可達最高吸收率又不會造成身體負擔。

服用的時間也是一門學問，維生素C在體內2至3小時就會排出體外。以1000mg的維生素C而言，空腹吸收率約30%，餐後吸收率達50%，所以以一日攝取三次為宜，且餐後馬上攝取為佳。

Q6 食品與藥品級的維生素C效果有何不同？

台灣市場上廣泛銷售的維生素C分為兩大類，一類是屬藥品級的高劑量維生素C，另一類則是符合或小於每日建議標準量的食品級維生素C。

顧名思義，「藥品級」當然是針對身體有較明顯缺乏症或特殊需求者設計。市面上，強化水溶性維生素B群及C很常見，甚至有些產品維生素B群濃度達10～20倍的每日營養素建議量（RDNA或RDA），這類多半提供給病中、病後、肝功能不佳、容易疲勞、長時間處於高壓力環境或菸酒過度者強化保養之用。服用這類產品一段時間後，應轉服食品級的綜合維生素作為持續性保養。

優倍多高單位維他命B群軟膠囊　售價／1,319元

- **商品特性**：含有高單倍維生素B群+C+礦物質，可迅速消除疲勞，補充活力。

- **適用對象**：一般人（尤其是壓力大之上班族，學生族，長途司機，體力透支大者）
- **建議用量**：1日1顆
- **包裝規格**：120粒／瓶
- **公司**：杏輝藥品工業股份有限公司
- **國外原廠**：加拿大CanCap G.M.P藥廠

- **注意事項**：飯後食用，請依照瓶身服用量食用，不可過量。

類別	■維生素B群
型態	■軟膠囊

維生素 成分 （每粒）	A	B1	B2	B6	B12	生物素	葉酸	菸鹼酸	泛酸	C	D	E	K	β-胡蘿蔔素	膽鹼	肌醇	牛磺酸
		50mg	70mg	75mg	50mcg	300mcg	400mcg	30mg	5mg	100mg		✓			✓	✓	
	硼	鈣	鉻	鈷	銅	氟	碘	鐵	鎂	錳	鉬	磷	鉀	硒	鈉	硫	鋅
		✓							✓								✓
其他																	

你滋美得天然維他命Super C+E　售價／680元

- **商品特性**：本品由高科技低溫萃取純天然西印度櫻桃的維生素C，添加維生素E、玫瑰果實，口感酸甜好滋味。

- **適用對象**：一般男女性，需增加維生素C需求者
- **建議用量**：每日1～數錠，置於口腔中咀嚼後自然溶解
- **包裝規格**：90粒咀嚼錠／瓶（買一送一）
- **公司**：景華生技股份有限公司
- **國外原廠**：NutraMed，Inc.

- **注意事項**：
  1. 置於陰涼、乾燥處保存。
  2. 請關緊瓶蓋，避免孩童自行取用。

類別	■維生素C　■維生素E
型態	■口嚼錠

維生素 成分 （每錠）	A	B1	B2	B6	B12	生物素	葉酸	菸鹼酸	泛酸	C	D	E	K	β-胡蘿蔔素	膽鹼	肌醇	PABA
										100mg		20IU					
	硼	鈣	鉻	鈷	銅	氟	碘	鐵	鎂	錳	鉬	磷	鉀	硒	鈉	硫	鋅
其他	玫瑰果實粉末																

你滋美得 長效C1000

售價／480元

■ **商品特性**：本品為高單位1000毫克維生素C，以高科技製成長效型錠劑，能依時間緩慢釋出，在人體中效果持續8小時，並添加天然檸檬生物類黃酮、玫瑰果實，有效幫助健康維持。

■ **適用對象**：少吃蔬菜、水果者，注重肌膚保養者，病後之補養、外傷、手術、燒傷等增加維生素C需求者。

■ **建議用量**：
【保健】每日1錠
【改善】每日2錠（分次飯前食用）（胃弱者宜飯後食用）

■ **包裝規格**：90錠／瓶
■ **公司**：景華生技股份有限公司
■ **國外原廠**：NutraMed，Inc.

■ **注意事項**：
1.使用後置於陰涼、乾燥處保存。
2.使用後請關緊瓶蓋。

類別	■維生素C
型態	■錠劑

維生素	A	B1	B2	B6	B12	生物素	葉酸	菸鹼酸	泛酸	C	D	E	K	β胡蘿蔔素	膽鹼	肌醇	PABA
成分（每錠）										1000 mg							
	硼	鈣	鉻	鈷	銅	氟	碘	鐵	鎂	錳	鉬	磷	鉀	硒	鈉	硫	鋅
其他	檸檬生物類黃酮、玫瑰果實粉末																

你滋美得 天然酯化C

售價／980元

■ **商品特性**：極佳的維生素，其進入血液的速度是一般維生素C的4倍，不容易隨尿液排出，生物利用率高。PH值為中性；另添加西印度櫻桃粉末、玫瑰果實粉末、檸檬生物類黃酮，效果加乘。

■ **適用對象**：欲調整體質者，抽煙者，希望促進鐵吸收者。

■ **建議用量**：
【保健】每日1錠
【改善】每日2錠
（分次飯前食用）

■ **包裝規格**：90錠／瓶
■ **公司**：景華生技股份有限公司
■ **國外原廠**：NutraMed，Inc.

■ **注意事項**：
1.置於陰涼、乾燥處保存。
2.請關緊瓶蓋，避免孩童自行取用。

類別	■維生素C PLUS
型態	■錠劑

維生素	A	B1	B2	B6	B12	生物素	葉酸	菸鹼酸	泛酸	C	D	E	K	β胡蘿蔔素	膽鹼	肌醇	PABA
成分（每錠）										500 mg							
	硼	鈣	鉻	鈷	銅	氟	碘	鐵	鎂	錳	鉬	磷	鉀	硒	鈉	硫	鋅
		✓															
其他	西印度櫻桃粉末、玫瑰果實粉末、檸檬生物類黃酮																

普麗皙錠 　　　　售價／550元

■ **商品特性**：維生素C可促進膠原的形成，構成細胞間質的成份。參與體內氧化還原反應，維持體內骨骼、結締組織的生長。促進鐵的吸收。

■ **適用對象**：成人、壓力大者
■ **建議用量**：
1日1顆，常抽菸者可服用1000單位，小孩可服用100單位。
■ **包裝規格**：100
■ **公司**：健安喜。松雪企業股份有限公司
■ **國外原廠**：GNC

■ **注意事項**：
請依照瓶身服用量食用，不可過量。

類別	■維生素C ■綜合維生素
型態	■錠劑

維生素	A	B1	B2	B6	B12	生物素	葉酸	菸鹼酸	泛酸	C	D	E	K	β-胡蘿蔔素	膽鹼	肌醇	PABA
成分（每錠）										500mg							
	硼	鈣	鉻	鈷	銅	氟	碘	鐵	鎂	錳	鉬	磷	鉀	硒	鈉	硫	鋅
其他	生物類黃酮																

加仕沛-美麗佳人 維生素C錠 　售價／350元

■ **商品特性**：補充因壓力增大而大量被消耗的維生素C，有抗氧化及促近膠原蛋白形成的作用，是健康與美容不可或缺的維生素。

■ **適用對象**：一般人。推薦給免疫力不佳者。
■ **建議用量**：
每次1錠，每日4次，可咀嚼或口含後吞服
■ **包裝規格**：60粒／瓶
■ **公司**：
永信藥品工業股份有限公司
■ **國外原廠**：美國Carlsbad Technology Inc.U.S.A.

■ **注意事項**：
請確實遵循每日建議量食用，不需多食。

類別	■維生素C
型態	■口嚼錠

維生素	A	B1	B2	B6	B12	生物素	葉酸	菸鹼酸	泛酸	C	D	E	K	β-胡蘿蔔素	膽鹼	肌醇	PABA
成分（每錠）										250mg							
	硼	鈣	鉻	鈷	銅	氟	碘	鐵	鎂	錳	鉬	磷	鉀	硒	鈉	硫	鋅
其他																	

日谷 長效左旋維他命C　　售價／320元

■ **商品特性**：含有左旋維他命C 500 毫克，添加獨一無二的葡萄子與玫瑰果實等珍貴養顏因子，讓您美麗無限。特殊包覆技術，緩慢釋放，24小時養顏美容不間斷。

■ **適用對象**：一般成人
■ **建議用量**：
　1日1顆
■ **包裝規格**：60粒／瓶
■ **公司**：日谷國際有限公司

■ **注意事項**：
　飯後食用，請依照瓶身服用量食用，不可過量。

類別	■維生素C		
型態	■錠劑		

維生素成分（每粒）	A	B1	B2	B6	B12	生物素	葉酸	菸鹼酸	泛酸	C	D	E	K	β胡蘿蔔素	膽鹼	肌醇	PABA
										500 mg							
	硼	鈣	鉻	鈷	銅	氟	碘	鐵	鎂	錳	鉬	磷	鉀	硒	鈉	硫	鋅
其他	葡萄籽萃取、玫瑰果實粉																

悠康-樂壓口含片　　售價／680元

■ **商品特性**：本產品嚴選調節生理機能所必需之植物性草本精華蕎麥抽出物（含芸香素Rutin），結合左旋維生素C之抗氧化作用，具生津、開胃、退火、維持骨骼及牙齒的生長並促進食物中鐵質之吸收，芽孢型乳酸菌強化配方，更是現代人幫助消化，順暢排便的好選擇。

■ **適用對象**：一般人
■ **建議用量**：
　每次2錠，每日2次，於餐後以溫水吞食
■ **包裝規格**：120錠／瓶
■ **公司**：
　永信藥品工業股份有限公司
■ **國外原廠**：
　美國 Carlsbad Technology Inc.U.S.A.

■ **注意事項**：
　請確實遵循每日建議量食用，不需多食。

類別	■維生素C		
型態	□含錠		

維生素成分（每錠）	A	B1	B2	B6	B12	生物素	葉酸	菸鹼酸	泛酸	C	D	E	K	β胡蘿蔔素	膽鹼	肌醇	PABA
										250 mg							
	硼	鈣	鉻	鈷	銅	氟	碘	鐵	鎂	錳	鉬	磷	鉀	硒	鈉	硫	鋅
其他	蕎麥抽出物、芽孢型乳酸菌																

立達喜＊片　　　　售價／149元

■**商品特性**：立達喜片係容易吸收之強力維生素C製劑，為圓形含橘子香味之粉紅色口含片，每片內含維生素C 500公絲。

■**適用對象**：成人、兒童、幼兒
■**建議用量**：
【成人】每日一次，每次一片
【兒童8～15歲】
每日一次，每次半片
【幼兒4～7歲】
每日一次，每次1／4片
■**包裝規格**：60錠／瓶
■**公司**：台灣惠氏股份有限公司

■**注意事項**：
通常將立達喜片含在口中，使其逐漸溶化吞服。請置於兒童無法取得之處。本藥須經醫師指示使用。

類別	■維生素C																
型態	■膜衣錠																
成分（每錠）	維生素	A	B1	B2	B6	B12	生物素	葉酸	菸鹼酸	泛酸	C	D	E	K	β胡蘿蔔素	膽鹼	肌醇	PABA
											500mg							
		硼	鈣	鉻	鈷	銅	氟	碘	鐵	鎂	錳	鉬	磷	鉀	硒	鈉	硫	鋅
	其他																	

你滋美得 乳鐵益兒壯　　　　售價／880元

■**商品特性**：牛的初乳含高單位球蛋白如：IgG，另添加乳鐵蛋白，可提高幼兒外在環境適應能力。並結合多種維生素，如：B群、有益菌、珍珠貝鈣、DHA及果寡糖，提供寶寶最天然的防禦網。

■**適用對象**：偏食的兒童，無咀嚼能力的年長者及臥床者，欲調整體質者
■**建議用量**：
沖泡於牛奶或果汁中
【1～3歲】1天3次，每次1／22～1匙
【3歲以上】1天3次，每次2匙
■**包裝規格**：200gm／瓶
■**公司**：景華生技股份有限公司
■**國外原廠**：Best Formulations

■**注意事項**：
1.置於陰涼、乾燥處保存。
2.請關緊瓶蓋。

類別	■營養保健品																
型態	■粉末																
成分（每粒）	維生素	A	B1	B2	B6	B12	生物素	葉酸	菸鹼酸	泛酸	C	D	E	K	β胡蘿蔔素	膽鹼	肌醇	PABA
		450 IU	10 mg	15 mg	12.4 mg						200 mg	200 IU	2 IU		13.5 mg			
		硼	鈣	鉻	鈷	銅	氟	碘	鐵	鎂	錳	鉬	磷	鉀	硒	鈉	硫	鋅
			✓															
	其他	有益菌、DHA、啤酒酵母、初乳（免疫球蛋白）、乳鐵蛋白、卵磷脂																

你滋美得 益兒壯

售價／680元

■ **商品特性**：由牛初乳中抽取高單位球蛋白如IgG，並結合多種維生素如B群、有益菌、珍珠貝鈣、DHA及果寡糖，可提高嬰幼兒對環境適應能力，提供嬰幼兒最天然的防禦網。

■ **適用對象**：體質虛弱之嬰幼童，偏食、挑食者，欲調整體質的年長者
■ **建議用量**：
沖泡於牛奶或果汁中
【幼兒6～12個月】1天3次，每次1／2匙
【兒童】1天3次，每次1～2匙
■ **包裝規格**：200gm／瓶
■ **公司**：景華生技股份有限公司
■ **國外原廠**：Best Formulations

■ **注意事項**：
使用後請關緊瓶蓋，置於陰涼、乾燥處保存。

類別	■營養保健品
型態	■粉末

維生素	A	B1	B2	B6	B12	生物素	葉酸	菸鹼酸	泛酸	C	D	E	K	β-胡蘿蔔素	膽鹼	肌醇	PABA
成分（每粒）	4500 IU	10 mg	15 mg	4 mg						200 mg	200 IU	21 U		13.5 mg			

	硼	鈣	鉻	鈷	銅	氟	碘	鐵	鎂	錳	鉬	磷	鉀	硒	鈉	硫	鋅
	✓																

其他：有益菌、DHA、啤酒酵母、初乳（免疫球蛋白）、卵磷脂

善存* 膜衣錠

售價／470元（60錠）
700元（100錠）

■ **商品特性**：是針對成人所設計之完整營養配方。本製劑係由人體必需的多種維生素與礦物質所構成，包含了葉酸及維生素A.C.E.等抗氧化劑。

■ **適用對象**：成人
■ **建議用量**：
成人每日吞服1錠
■ **包裝規格**：
60錠／瓶、100錠／瓶
■ **公司**：
台灣惠氏股份有限公司
中國化學製藥生技研究中心

■ **注意事項**：
使用後請蓋緊瓶蓋，並避免將水滴入瓶內，請置於乾燥陰涼及兒童無法取得之處。

類別	■營養保健品
型態	■膜衣錠

維生素	A	B1	B2	B6	B12	生物素	葉酸	菸鹼酸	泛酸	C	D	E	K	β-胡蘿蔔素	膽鹼	肌醇	PABA
成分（每粒）	5000 IU	1.5 mg	1.7 mg	2 mg	6 mcg	30 mcg	400 mcg	20 mg	10 mg	60 mg	400 IU	30 IU	25 mcg				

	硼	鈣	鉻	鈷	銅	氟	碘	鐵	鎂	錳	鉬	磷	鉀	硒	鈉	硫	鋅	氯
		✓	✓			✓	✓	✓	✓	✓	✓	✓		✓			✓	✓

其他：鎳 矽 錫 釩

銀寶善存* 膜衣錠

售價／500 元（60錠）
780 元（100錠）

■ 商品特性：是針對50歲以上成人所特別設計之完整營養配方。本製劑係由人體必需的多種維生素與礦物質所構成，包含了維生素A.C.E.等抗氧化劑。

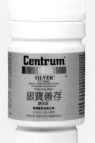

- **■適用對象：**成人
- **■建議用量：**
  50歲以上成人每日吞服一錠。
- **■包裝規格：**
  60錠／瓶、100錠／瓶
- **■公司：**台灣惠氏股份有限公司

■注意事項：
使用後請蓋緊瓶蓋，並避免將水滴入瓶內，請置於乾燥陰涼及兒童無法取得之處。

類別	■營養保健品
型態	■膜衣錠

維生素	A	B1	B2	B6	B12	生物素	葉酸	菸鹼酸	泛酸	C	D	E	K	β-胡蘿蔔素	膽鹼	肌醇	P A B A
成分（每粒）	600 OIU	1.5 mg	1.7 mg	3 mcg	25 mcg	30 mcg	0.2 mg	20 mg	10 mg	60 mg	400 IU	45 IU	10 mcg				
	硼	鈣	鉻	鈷	銅	氟	碘	鐵	鎂	錳	鉬	磷	鉀	硒	鈉	硫	鋅	氯
		✓	✓		✓		✓	✓	✓	✓	✓	✓	✓	✓		✓	✓	
其他	鎳 矽 錫 釩

美麗佳人-元氣明亮錠

售價／330元

■ 商品特性：眼睛需要特別之營養素來滋潤。山桑子含有超過15種花青素（Anthocyanosides）成分，為天然萃取之抗氧化劑；維生素A可幫助視紫質的形成，使眼睛適應光線的變化，減少疲勞感；葉黃素、左旋維生素C、維生素E、維生素B2、B12可提供眼睛額外之營養。

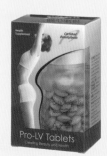

- **■適用對象：**關心眼睛、閱讀、看電視、操作電腦吃力者、素食者適用
- **■建議用量：**
  每次1錠，每日3次
- **■包裝規格：**100錠／瓶
- **■公司：**
  永信藥品工業股份有限公司
- **■國外原廠：**
  美國 Carlsbad Technology Inc.U.S.A.

■注意事項：
請確實遵循每日建議量食用，不需多食

類別	■營養保健品
型態	■膜衣錠

維生素	A	B1	B2	B6	B12	生物素	葉酸	菸鹼酸	泛酸	C	D	E	K	β-胡蘿蔔素	膽鹼	肌醇	P A B A
成分（每粒）	0.25 mg		25 mcg		0.25 mg					30 mg		10 IU					
	硼	鈣	鉻	鈷	銅	氟	碘	鐵	鎂	錳	鉬	磷	鉀	硒	鈉	硫	鋅
其他	葉黃素、山桑子抽出物

美顏維生素

C
67

三多有機麥苗粉　　售價／760元

■**商品特性**：天然鹼性食品，美國QAI有機食品認証，體內環保好幫手。

■**適用對象**：工作勞累，蔬果攝取不足，飲食不正常者

■**建議用量**：
每次2小匙（約3公克），每日2～3次

■**包裝規格**：150公克／瓶

■**公司**：三多士股份有限公司

■**注意事項**：
1.請勿以開水沖泡，以免破壞營養素。
2.建議飯前或空腹服用。

類別	■營養保健品
型態	■粉末

維生素	A	B1	B2	B6	B12	生物素	葉酸	菸鹼酸	泛酸	C	D	E	K	β胡蘿蔔素	膽鹼	肌醇	PABA
成分（每粒）	✓	310mg	1.2mg	160mg	1.9mg					158mg		31mg		195.5mg			

	硼	鈣	鉻	鈷	銅	氟	碘	鐵	鎂	錳	鉬	磷	鉀	硒	鈉	硫	鋅
	✓	✓	✓		✓	✓	✓	✓	✓	✓	✓			✓			✓

其他：葉綠素

三多葡萄子OPC　　售價／475元

■**商品特性**：精神旺盛、養顏美容、吃的美容品，特別添加膠原蛋白、左旋C。

■**適用對象**：愛美養顏者、勞心勞力者

■**建議用量**：
【成人】每日2次，每次1錠

■**包裝規格**：
60錠／盒

■**公司**：
三多士股份有限公司

■**注意事項**：
存於陰涼乾燥處。

類別	■營養保健品
型態	■錠劑

維生素	A	B1	B2	B6	B12	生物素	葉酸	菸鹼酸	泛酸	C	D	E	K	β胡蘿蔔素	膽鹼	肌醇	PABA
成分（每粒）	✓									100mg		50mg		5000mg			

	硼	鈣	鉻	鈷	銅	氟	碘	鐵	鎂	錳	鉬	磷	鉀	硒	鈉	硫	鋅
													✓	✓			✓

其他：膠原蛋白、原花青素、膳食纖維、酵母

三多維他命C+E　　售價／120元

■ **商品特性**：每錠含高量維生素C及維生素 E，並添加玫瑰果、西印度櫻桃。

■ **適用對象**：愛美養顏、勞心勞力者之日常保健

■ **建議用量**：
【成人】每次1錠，每日1～3次
【兒童】每次1錠，每日1次
【1～3歲】一天3次，每次1／2～1匙
【3歲以上】一天3次，每次2匙

■ **包裝規格**：60錠／盒

■ **公司**：三多士股份有限公司

■ **注意事項**：
存於陰涼乾燥處

類別	■營養保健品																		
型態	■錠劑																		
維生素	A	B1	B2	B6	B12	生物素	葉酸	菸鹼酸	泛酸	C	D	E	K	β胡蘿蔔素	膽鹼	肌醇	PABA		
成分（每粒）										300 mg		10 mg							
	硼	鈣	鉻	鈷	銅	氟	碘	鐵	鎂	錳	鉬	磷	鉀	硒	鈉	硫	鋅		
															✓				
其他																			

三多水解膠原蛋白膠囊　　售價／680元

■ **商品特性**：選用德國德吉福集團所精煉萃取之膠原蛋白粉末，為天然好吸收之微粒分子，並特別添加左旋C與葡萄糖鋅，平時補充可以養顏美容，使你水嘟嘟、青春永駐。

■ **適用對象**：愛美人士、養顏美容者

■ **建議用量**：
【成人】每次2粒，早、午、晚各一次
【青少年】每次2粒，早、晚各一次
【空腹使用】同時補充250cc水，以利吸收。

■ **包裝規格**：180粒／瓶

■ **公司**：三多士股份有限公司

■ **注意事項**：
請開封後2個月內食用完畢

類別	■營養保健品	■綜合維生素																	
型態	■錠劑																		
維生素	A	B1	B2	B6	B12	生物素	葉酸	菸鹼酸	泛酸	C	D	E	K	β胡蘿蔔素	膽鹼	肌醇	PABA		
成分（每粒）										60 mg									
	硼	鈣	鉻	鈷	銅	氟	碘	鐵	鎂	錳	鉬	磷	鉀	硒	鈉	硫	鋅		
														✓		✓			
其他	膠原蛋白																		

備註：本產品除了膠囊外，亦有粉末劑型，可供選擇。

Better Life優質生活 元氣錠　售價／480元

■ **商品特性**：含有迅速增強體力、使您精神旺盛的多種配方，及多種能量代謝重要因素維生素B群，維持動能所需的胺基酸群，並添加人參、西伯利亞人參、綠茶、瓜拿那等提神草本精華以及鰹魚濃縮抽出物，讓您幹勁十足、擺脫疲勞，保持神采奕奕。

■ **適用對象**：工作忙碌、飲食攝取不均衡者常感疲倦、體力透支者
■ **建議用量**：每日1粒於餐後食用
■ **包裝規格**：30錠／瓶
■ **公司**：中化裕民健康事業股份有限公司 中國化學製藥生技研究中心

■ **注意事項**：儲存於陰涼乾燥處。

類別	■營養保健品
型態	■錠劑

維生素成分（每粒）	A	B1	B2	B6	B12	生物素	葉酸	菸鹼酸	泛酸	C	D	E	K	β胡蘿蔔素	膽鹼	肌醇	PABA
		25 mg	50 mg	20 mg	50 mg	10 mcg	300 mg	50 mg	20 mg	50 mg					✓	✓	
	硼	鈣	鉻	鈷	銅	氟	碘	鐵	鎂	錳	鉬	磷	鉀	硒	鈉	硫	鋅
																	✓

其他：牛磺酸、西伯利亞人參、人參粉、綠茶萃取物、瓜拿那萃取物、鰹魚濃縮抽出物、L-α胺基異戊酸、L-白胺酸、L-異白胺酸、L-麩醯胺酸

Better Life優質生活 紅酒皙　售價／380元

■ **商品特性**：來自頂級紅酒故鄉的「法國紅酒萃取精華」含有珍貴的紅酒多酚讓您不用醉也紅暈，日本流行粉白胺基酸群加上高質感維生素C，能擁有透光般白皙的修護美麗，並且複合了與紅血球形成有關的維生素B群，徹底由內而外呵護青春。

■ **適用對象**：不做黃臉婆一族、想保有神采奕奕不妝也美麗者
■ **建議用量**：每日一錠，於空腹食用
■ **包裝規格**：30錠／瓶
■ **公司**：中化裕民健康事業股份有限公司 中國化學製藥生技研究中心

■ **注意事項**：儲存於陰涼乾燥處。

類別	■營養保健品
型態	■錠劑

維生素成分（每粒）	A	B1	B2	B6	B12	生物素	葉酸	菸鹼酸	泛酸	C	D	E	K	β胡蘿蔔素	膽鹼	肌醇	PABA
			5.0 mg	0.05 mg					0.05 mg	190 mg							
	硼	鈣	鉻	鈷	銅	氟	碘	鐵	鎂	錳	鉬	磷	鉀	硒	鈉	硫	鋅
		✓															

其他：紅酒抽出物、紅酒粉、西印度櫻桃萃取物、蘋果多酚、L-α二胺基己酸、L-半胱氨酸、L-精胺酸

小善存 *+維他命C 甜嚼錠

售價／320元（30錠）
590元（60錠）

■ **商品特性**：是針對發育成長中兒童所設計之完整營養配方。其含23種維生素及礦物質。

■ **適用對象**：兒童
■ **建議用量**：
【2歲至至4歲兒童】
每日1／2錠。
【2歲至至4歲兒童】
每日1錠，嚼碎服用
■ **包裝規格**：
30錠／瓶、60錠／瓶
■ **公司**：台灣惠氏股份有限公司
■ **國外原廠**：惠氏

■ **注意事項**：
本品含有鐵劑，兒童不宜大量服用。若有過量請立即諮詢醫師。

| 類別 | ■營養保健品 |
| 型態 | ■錠劑 |

維生素	A	B1	B2	B6	B₁₂	生物素	葉酸	菸鹼酸	泛酸	C	D	E	K	β胡蘿蔔素	膽鹼	肌醇	PABA
成分（每粒）	5000 IU	1.5 mg	1.7 mg	2 mg	6 mcg	45 mcg	400 mcg	20 mg	10 mg	300 mg	400 IU	30 IU		10 mcg			
	硼	鈣	鉻	鈷	銅	氟	碘	鐵	鎂	錳	鉬	磷	鉀	硒	鈉	硫	鋅	氯
	108 mg		✓		✓		✓	✓	✓	✓	✓						✓	
其他	牛磺酸																	

小善存 *+鈣

售價／320元（30錠）
590元（60錠）

■ **商品特性**：是針對發育成長中兒童所設計之完整營養配方。其含23種維生素及礦物質，本品也提供160mg之鈣質以協助孩童之骨骼與牙齒之健全成長。

■ **適用對象**：兒童
■ **建議用量**：
【2歲至至4歲兒童】
每日1／2錠。
【2歲至至4歲兒童】
每日1錠，嚼碎服用
■ **包裝規格**：
30錠／瓶、60錠／瓶
■ **公司**：台灣惠氏股份有限公司
■ **國外原廠**：惠氏

■ **注意事項**：
1.本品含有鐵劑，兒童不宜大量服用。
2.使用後請蓋緊，並避免將水滴入瓶內，並請置於乾燥陰涼及兒童無法取得之處。
3.本品含阿斯巴甜，苯酮尿症患不宜使用。

| 類別 | ■營養保健品 |
| 型態 | ■錠劑 |

維生素	A	B1	B2	B6	B₁₂	生物素	葉酸	菸鹼酸	泛酸	C	D	E	K	β胡蘿蔔素	膽鹼	肌醇	PABA
成分（每粒）	5000 IU	1.5 mg	1.7 mg	2 mg	6 mcg	45 mcg	400 mcg	20 mg	10 mg	10 mg	60 IU	400 IU	30 IU	10 mcg			
	硼	鈣	鉻	鈷	銅	氟	碘	鐵	鎂	錳	鉬	磷	鉀	硒	鈉	硫	鋅	氯
		160 mg	✓		✓		✓	✓	✓	✓	✓	✓					✓	
其他																		

你滋美得 蔓越莓

售價／880元

■ **商品特性**：本品採自新鮮蔓越莓，能改變細菌叢生態，使小便順暢；此外富含天然維生素C，可促進膠原形成，幫助維持身體正常機能。

■ **適用對象**：運輸業者，長時間輪班者，長期臥床者
■ **建議用量**：
　【保健】每日1～2粒
　【改善】每日3粒（分次飯前食用）
■ **包裝規格**：90粒／瓶
■ **公司**：景華生技股份有限公司
■ **國外原廠**：
　Swiss Caps USA, Inc

■ **注意事項**：
1.置於陰涼、乾燥處保存。
2.請關緊瓶蓋，避免孩童自行取用。

類別	■營養保健品
型態	■軟膠囊

維生素成分（每粒）	A	B1	B2	B6	B12	生物素	葉酸	菸鹼酸	泛酸	C	D	E	K	β胡蘿蔔素	膽鹼	肌醇	PABA
										100mg							
	硼	鈣	鉻	鈷	銅	氟	碘	鐵	鎂	錳	鉬	磷	鉀	硒	鈉	硫	鋅

其他	卵磷脂

克補鋅

售價／540元

■ **商品特性**：壓力的情況下，身體會快速流失許多種營養素。鋅在傷口復原及肝臟功能上，扮演著重要的角色。克補鋅是專為飲食中容易缺乏某些必需營養素的人，所設計的維生素補充劑。

■ **適用對象**：成人
■ **建議用量**：每日1錠
■ **包裝規格**：60錠／瓶
■ **公司**：台灣惠氏股份有限公司

■ **注意事項**：
服用本劑後可能會有尿液變黃的現象，此係本劑中含有維生素B2之成份，為正常現象，請無需掛慮。

類別	■營養保健品
型態	■膜衣錠

維生素成分（每粒）	A	B1	B2	B6	B12	生物素	葉酸	菸鹼酸	泛酸	C	D	E	K	β胡蘿蔔素	膽鹼	肌醇	PABA
		15mg	5mg	5mg	12mcg	45mcg	400mcg	100mg	20mg	500mg		30IU					
	硼	鈣	鉻	鈷	銅	氟	碘	鐵	鎂	錳	鉬	磷	鉀	硒	鈉	硫	鋅	氯
					✓												✓	

其他	

克補鐵

售價／550元

■ **商品 特性**：生理壓力的情況下，身體會快速流失許多種營養素。鐵質是造血的重要成份，女性的生理周期使大量的鐵質流失，因此如果鐵質攝取不足，則可能導致缺鐵性貧血。克補鐵專為上述問題所設計的營養商品。

■ **適用對象**：成人
■ **建議用量**：成人每日1錠
■ **包裝規格**：60錠／瓶
■ **公司**：台灣惠氏股份有限公司

■ **注意 事項**：
1. 本品含有鐵劑，在極高劑量下對幼兒可能發生危險。
2. 服用本劑後可能會有尿液變黃的現象，此係本劑中含有維生素B2之成份，為正常現象。

類別	■營養保健品																		
型態	■膜衣錠																		
維生素	A	B1	B2	B6	B12	生物素	葉酸	菸鹼酸	泛酸	C	D	E	K	β-胡蘿蔔素	膽鹼	肌醇	PABA		
成分（每粒）		15 mg	5 mg	5 mg	12 mcg	45 mcg	400 mcg	100 mg	20 mg	500 mg		30 IU							
	硼	鈣	鉻	鈷	銅	氟	碘	鐵	鎂	錳	鉬	磷	鉀	硒	鈉	硫	鋅	氯	
							✓										✓		
其他																			

你滋美得 優兒鈣粉

售價／680元

■ **商品 特性**：以含鈣最豐富的天然碳酸鈣加上檸檬酸鈣、抗壞血酸鈣、乳酸鈣，並結合三種鈣質吸收因子：酪蛋白磷酸胜肽、維生素C、維生素D3，有效提高鈣的溶解度，幫助鈣質的吸收，真正符合嬰幼兒成長所需鈣質。

■ **適用對象**：0歲以上嬰幼兒，不會吞服錠劑與膠囊的兒童、偏食、挑食者
■ **建議 用量**：沖泡於牛奶或果汁中
【嬰兒0～6個月】
一天1～2次，每次1／2匙
【嬰兒6～12個月】
一天2次，每次1匙
【兒童】一天2次，每次1～2匙
■ **包裝 規格**：200gm／瓶
■ **公司**：景華生技股份有限公司
■ **國外 原廠**：Best Formulations

■ **注意 事項**：
1. 使用後置於陰涼、乾燥處保存。
2. 使用後請關緊瓶蓋。

類別	■營養保健品																	
型態	■粉末																	
維生素	A	B1	B2	B6	B12	生物素	葉酸	菸鹼酸	泛酸	C	D	E	K	β-胡蘿蔔素	膽鹼	肌醇	PABA	
成分（每粒）										1700 mg	300 IU							
	硼	鈣	鉻	鈷	銅	氟	碘	鐵	鎂	錳	鉬	磷	鉀	硒	鈉	硫	鋅	
其他	卵磷脂、酪蛋白磷酸胜肽																	

加仕沛-草本左旋山桑子C錠　售價／400元

■ **商品特性**：加仕沛草本左旋山桑子C錠，除了含左旋維生素C可幫助膠質形成，另添加山桑子及天然胡蘿蔔素可幫助視紫質的形成，使眼睛適應光線的變化，減少疲勞感，是現代人維持健康、創造活力的泉源。

■ **適用對象**：一般人、關心眼睛、視力吃緊的人
■ **建議用量**：
　　每次1錠，每日4次
■ **包裝規格**：90錠／瓶
■ **公司**：
　　永信藥品工業股份有限公司
■ **國外原廠**：
　　美國 Carlsbad Technology Inc.U.S.A.

■ **注意事項**：
　　請確實遵循每日建議食用，不需多食。

類別	■營養保健品																				
型態	■口含錠																				
維生素 成分（每粒）	A	B1	B2	B6	B12	生物素	葉酸	菸鹼酸	泛酸	C	D	E	K	β-胡蘿蔔素	膽鹼	肌醇	PABA				
										250 mg				5 mg							
	硼	鈣	鉻	鈷	銅	氟	碘	鐵	鎂	錳	鉬	磷	鉀	硒	鈉	硫	鋅				
其他	山桑子抽出物																				

加仕沛-草本左旋綠茶C錠　售價／400元

■ **商品特性**：加仕沛草本左旋綠茶C錠，除了左旋維生素C之抗氧化作用，及由綠茶萃取之多項有益健康之成分外，更添加優質的芽孢型腸道乳酸菌。因此，在三重調理配方下，可改變細菌叢生態，維持消化道正常機能，讓您時時輕盈、無負擔。

■ **適用對象**：一般人、常坐辦公室、胃腸蠕動不佳者
■ **建議用量**：
　　每次1錠，每日4次
■ **包裝規格**：90粒／瓶
■ **公司**：
　　永信藥品工業股份有限公司
■ **國外原廠**：
　　美國 Carlsbad Technology Inc.U.S.A.

■ **注意事項**：
　　請確實遵循每日建議食用，不需多食。

類別	■營養保健品																				
型態	■口含錠																				
維生素 成分（每粒）	A	B1	B2	B6	B12	生物素	葉酸	菸鹼酸	泛酸	C	D	E	K	β-胡蘿蔔素	膽鹼	肌醇	PABA				
										250 mg											
	硼	鈣	鉻	鈷	銅	氟	碘	鐵	鎂	錳	鉬	磷	鉀	硒	鈉	硫	鋅				
								✓													
其他	綠茶抽出物、芽孢型乳酸菌																				

加仕沛-草本左旋葡萄籽C錠 售價／400元

■ **商品特性**：前花青素（簡稱OPC）普遍存在於蔬菜、水果之中，而以葡萄籽含量最高。葡萄籽係為「紅葡萄種子萃取物質」之簡稱，其所含之前花青素的抗氧化能力係歐美人士所公認最理想之天然抗氧化劑，其易為人體吸收及利用，是目前「美麗健康」之最佳代名詞。

■ **適用對象**：一般人、常在烈日下工作的人
■ **建議用量**：
每次1錠，每日4次
■ **包裝規格**：90錠／瓶
■ **公司**：
永信藥品工業股份有限公司
■ **國外原廠**：
美國Carlsbad Technology Inc.U.S.A.

■ **注意事項**：
請確實遵循每日建議量食用，不需多食

類別	■營養保健品
型態	■口含錠

成分（每粒）	維生素	A	B1	B2	B6	B12	生物素	葉酸	菸鹼酸	泛酸	C	D	E	K	β-胡蘿蔔素	膽鹼	肌醇	PABA
											250mg							
		硼	鈣	鉻	鈷	銅	氟	碘	鐵	鎂	錳	鉬	磷	鉀	硒	鈉	硫	鋅
	其他	葡萄籽抽出物																

加仕沛-草本左旋覆盆莓C 售價／400元

■ **商品特性**：覆盆莓，一種生長於歐洲灌木叢及河邊低地的多年生植物，其含有烯銅素、類黃鹼素、類兒茶素、抗氧化黃酮等元素，可促進身體新陳代謝，消耗過剩的熱量，配合適度的運動，是現代人維護好身材之理想選擇。佳代名詞。

■ **適用對象**：一般人、維持窈窕體態的好選擇
■ **建議用量**：
每次1錠，每日4次
■ **包裝規格**：90錠／瓶
■ **公司**：
永信藥品工業股份有限公司
■ **國外原廠**：
美國Carlsbad Technology Inc.U.S.A.

■ **注意事項**：
請確實遵循每日建議量食用，不需多食

類別	■營養保健品
型態	■口含錠

成分（每粒）	維生素	A	B1	B2	B6	B12	生物素	葉酸	菸鹼酸	泛酸	C	D	E	K	β-胡蘿蔔素	膽鹼	肌醇	PABA
											250mg							
		硼	鈣	鉻	鈷	銅	氟	碘	鐵	鎂	錳	鉬	磷	鉀	硒	鈉	硫	鋅
	其他	覆莓莓抽出物																

三多兒童綜合維他命　售價／399元

- **商品特性**：專為兒童設計的兒童用綜合維他命，並添加蜂膠、山桑子、初乳奶粉及乳酸菌。

- **適用對象**：幼兒、兒童、青少年
- **建議用量**：
  【2〜4歲】每日2錠
  【5〜16歲之兒童及青少年】每日3錠
- **包裝規格**：120錠／瓶
- **公司**：三多士股份有限公司

- **注意事項**：
  為避免吞食，請咀嚼或研粉食用。

類別	■綜合維生素
型態	■錠劑

A	B1	B2	B6	B12	生物素	葉酸	菸鹼酸	泛酸	C	D	E	K	β胡蘿蔔素	膽醇	肌醇	PABA
5000 IU	1.5 mg	1.7 mg	2 mg	6 mcg	45 mcg	400 mcg	20 mg	10 mg	100 mg	100 IU	30 IU	10 mcg	✓			

硼	鈣	鉻	鈷	銅	氟	碘	鐵	鎂	錳	鉬	磷	鉀	硒	鈉	硫	鋅
	✓	✓		✓		✓	✓	✓	✓		✓	✓	✓			✓

其他：山桑子萃取物、初乳奶粉、乳鐵蛋白、蜂膠、ABLSE乳酸菌

三多綜合維他命　售價／699元

- **商品特性**：全方位綜合維他命、礦物質及金盞花萃取物，滋補強身，再現活力。

- **適用對象**：成人
- **建議用量**：
  每日1錠，餐後配開水服用
  產前後病後之補養，每日服用2錠
- **包裝規格**：300錠／瓶
- **公司**：三多士股份有限公司

- **注意事項**：
  開罐後保持密閉，存於陰涼乾燥處。

類別	■綜合維生素
型態	■錠劑

A	B1	B2	B6	B12	生物素	葉酸	菸鹼酸	泛酸	C	D	E	K	β胡蘿蔔素	膽醇	肌醇	PABA
2500 IU	1.5 mg	1.7 mg	2 mg	6 mcg	30 mcg	400 mcg	20 mg	10 mg	100 mg	400 IU	30 IU	25 mcg	2500 IU			

硼	鈣	鉻	鈷	銅	氟	碘	鐵	鎂	錳	鉬	磷	鉀	硒	鈉	硫	鋅
✓	✓	✓	✓	✓	✓	✓	✓	✓	✓	✓	✓	✓	✓	✓	✓	✓

其他：金盞花萃取物

日谷 長效綜合維他命　售價／400元

■**商品特性**：含有完整100%RDA之25種營養素與礦物質，更添加黃耆、西洋蔘、金盞花萃取物等植物精華，營養價值更加分，24小時滋補強身不間斷！特殊包覆技術，緩慢釋放，達到24小時長效作用。

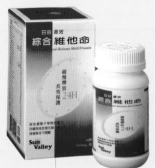

■**適用對象：**
一般成人
■**建議用量：**
1日1顆
■**包裝規格：**
60粒／瓶
■**公司：**
日谷國際有限公司

■**注意事項：**
飯後食用，請依照瓶身服用量食用，不可過量。

類別	■綜合維生素
型態	■膜衣錠

維生素	A	B1	B2	B6	B12	生物素	葉酸	菸鹼酸	泛酸	C	D	E	K	β胡蘿蔔素	膽鹼	肌醇	PABA
成分	2500IU	1mg	1.1mg	1.5mg	2.4mcg	30mcg	420mcg	13mg	5mg	100mg	200IU	12IU	25mcg	2500IU			
	硼	鈣	鉻	鈷	銅	氟	碘	鐵	鎂	錳	鉬	磷	鉀	硒	鈉	硫	鋅
分		✓	✓		✓		✓	✓	✓	✓	✓	✓	✓	✓			✓

其他	矽、金盞花萃取、葡萄籽萃取、黃耆、西洋蔘

大可大安孺（男性專用）　售價／2000元

■**商品特性**：依據現代男仕的需求，提供最完整的營養配方。含有最豐富及高劑量的多種維生素、礦物質、微量元素、胺基酸，與時下最熱門的天然營養補給品。

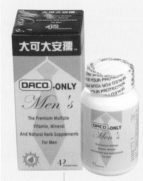

■**適用對象**：一般人。忙碌的上班族、消耗大量體力的勞動族、正值成長快速的青少年、體力漸弱的中老年、想要大展雄風的男性或受不孕困擾的先生
■**建議用量**：每日2錠，每日1次，餐後食用
■**包裝規格**：90錠／瓶
■**公司**：大田有限公司
■**國外原廠**：BIOMED INSTITUTE COMPANY

■**注意事項：**
開瓶後請放入冰箱冷藏。

類別	■綜合維生素
型態	■錠劑

維生素	A	B1	B2	B6	B12	生物素	葉酸	菸鹼酸	泛酸	C	D	E	K	β胡蘿蔔素	膽鹼	肌醇	PABA
成分		50mg	60mg	60mg	120mcg	800mcg	30mg	20mg	300mg	400IU	200IU	40mcg		10000IU	✓	✓	✓
	硼	鈣	鉻	鈷	銅	氟	碘	鐵	鎂	錳	鉬	磷	鉀	硒	鈉	硫	鋅
分	✓	✓	✓	✓	✓	✓	✓	✓	✓	✓	✓	✓	✓	✓	✓	✓	✓

其他	胺基酸、水田芥、銀杏果、南瓜子粉、冬蟲夏草、茄紅素、蜂膠、葡萄籽。

大可大安孺（女性專用） 售價／2000元

■ **商品特性**：依據現代女仕的需求，提供最完整的營養配方。含有最豐富及高劑量的多種維生素、礦物質、微量元素、胺基酸，與時下最熱門的天然營養補給品。

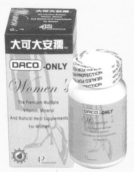

■ **適用對象**：一般人。忙碌的上班女郎、操持家務的家庭主婦、正值成長快速的少女、體力漸弱的中老年婦女、想要懷孕的婦女、孕婦或哺乳的媽媽

■ **建議用量**：每日2錠，每日1次，餐後食用

■ **包裝規格**：90錠／瓶

■ **公司**：大田有限公司

■ **國外原廠**：BIOMED INSTITUTE COMPANY

■ **注意事項**：
開瓶後請放入冰箱冷藏。

類別	■綜合維生素
型態	■錠劑

維生素	A	B1	B2	B6	B12	生物素	葉酸	菸鹼酸	泛酸	C	D	E	K	β-胡蘿蔔素	膽鹼	肌醇	PABA
成分	✓	50 mg	100 mg	80 mcg	160 mcg	160 mcg	800 mcg	30 mg	20 mg	300 mg	400 IU	20 IU	40 mcg	10000 IU	✓	✓	✓

	硼	鈣	鉻	鈷	銅	氟	碘	鐵	鎂	錳	鉬	磷	鉀	硒	鈉	硫	鋅
分	✓	✓	✓	✓	✓		✓	✓	✓	✓		✓	✓	✓			✓

其他 胺基酸、月見草油、人蔘、當歸、葡萄籽、茄紅素、大豆異黃酮。

大可小安孺（咀嚼錠食品） 售價／1000元

■ **商品特性**：大可小安孺咀嚼錠為一有多種維他命、礦物質、天然小麥胚芽粉、羊乳粉、鈣粉、初乳的營養補充品，以特殊技術調配，最適合孩童口味。不含蔗糖、葡萄糖，甜味來自山梨醇成份，長期食用不會造成蛀牙。含豐富的維他命E、C、B群、礦物質、蛋白質、胺基酸、乳酸菌，能調整體質、調節生理機能，促進身體對維生素的吸收利用。

■ **適用對象**：3歲～12歲

■ **建議用量**：
【3歲以下孩童】每日1錠
【3歲～6歲孩童】每日2錠
【6歲以上孩童】每日3錠
隨主餐咀嚼食用。

■ **包裝規格**：100錠／瓶

■ **公司**：大田有限公司

■ **國外原廠**：BIOMED INSTITUTE COMPANY

■ **注意事項**：
開瓶後請放入冰箱冷藏。

類別	■綜合維生素
型態	■口嚼錠

維生素	A	B1	B2	B6	B12	生物素	葉酸	菸鹼酸	泛酸	C	D	E	K	β-胡蘿蔔素	膽鹼	肌醇	PABA
成分	2500 IU	0.75 mg	0.85 mg	1 mg	1 mcg			200 mg	5 mg		30 IU	200 IU	15 IU				

	硼	鈣	鉻	鈷	銅	氟	碘	鐵	鎂	錳	鉬	磷	鉀	硒	鈉	硫	鋅
分		✓															✓

其他 小麥胚芽粉、羊乳粉、初乳、嗜酸乳桿菌（A菌）、比菲德氏菌（B菌）、酪乳酸桿菌（C菌）。

大可小安孺

售價／1000元

■ **商品特性**：大可小安孺顆粒為一有多種維他命、礦物質、天然小麥胚芽粉、鈣粉及初乳的營養補充品，以特殊技術調配而成，最適合孩童口味。不含蔗糖、葡萄糖，甜味來自山梨醇成分，長期食用不會造成蛀牙。含豐富的維他命E、C、B群、礦物質、蛋白質、胺基酸、乳酸菌，能調整體質、調節生理機能，促進身體對維生素的吸收利用。

■ **適用對象**：4個月以上嬰幼兒
■ **建議用量**：可加入牛奶、開水、果汁，每次加1～2匙大可小安孺顆粒，調勻後即可飲用
■ **包裝規格**：150g／瓶
■ **公司**：大田有限公司
■ **國外原廠**：BIOMED INSTITUTE COMPANY

■ **注意事項**：
開瓶後請放入冰箱冷藏。

類別	■綜合維生素
型態	■粉末

維生素成分	A	B1	B2	B6	B12	生物素	葉酸	菸鹼酸	泛酸	C	D	E	K	β胡蘿蔔素	膽鹼	肌醇	PABA
		0.32 mg	0.34 mg	0.4 mg	1 mcg		60 mcg	2.5 mg		18 IU	2.5 IU	1.5 IU		1000 IU	✓	✓	
	硼	鈣	鉻	鈷	銅	氟	碘	鐵	鎂	錳	鉬	磷	鉀	硒	鈉	硫	鋅
成分							✓							✓			

其他　小麥胚芽粉、羊乳粉、初乳、嗜酸乳桿菌（A菌）、比菲德氏菌（B菌）、酪乳酸桿菌（C菌）。

美加男食品

售價／1350元（90錠）
2400元（180錠）

■ **商品特性**：強化照護男性及活力能量的天然配方，是適合現代男性的均衡綜合維他命。

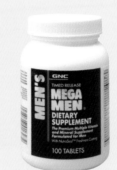

■ **適用對象**：一般成年男性
■ **建議用量**：每日1顆
■ **包裝規格**：90錠／瓶、180錠／瓶
■ **公司**：健安喜。松雪企業股份有限公司
■ **國外原廠**：GNC

■ **注意事項**：
白天飯後食用較佳。

類別	■綜合維生素
型態	■錠劑

維生素成分	A	B1	B2	B6	B12	生物素	葉酸	菸鹼酸	泛酸	C	D	E	K	β胡蘿蔔素	膽鹼	肌醇	PABA
	✓	✓	✓	✓	✓	✓	✓	✓	✓	✓	✓	✓	✓	✓	✓	✓	✓
	硼	鈣	鉻	鈷	銅	氟	碘	鐵	鎂	錳	鉬	磷	鉀	硒	鈉	硫	鋅
成分	✓	✓	✓	✓	✓		✓	✓	✓	✓	✓	✓	✓	✓	✓	✓	✓

其他　天然抗氧化配方、蕃茄紅素

備註：劑量保密

優卓美佳食品錠

售價／1350元（90錠）
2400元（180錠）

■ **商品特性**：強化女性易缺乏的營養素，是適合女性的均衡綜合維他命。

■ **適用對象**：一般成年女性
■ **建議用量**：每日1顆
■ **包裝規格**：90錠／瓶、180錠／瓶
■ **公司**：健安喜。松雪企業股份有限公司
■ **國外原廠**：GNC

■ **注意事項**：
白天飯後食用較佳。

類別	■綜合維生素
型態	■錠劑

維生成素分	A	B1	B2	B6	B12	生物素	葉酸	菸鹼酸	泛酸	C	D	E	K	β胡蘿蔔素	膽鹼	肌醇	PABA
	✓	✓	✓	✓	✓	✓	✓	✓	✓	✓	✓	✓	✓	✓	✓	✓	✓
	硼	鈣	鉻	鈷	銅	氟	碘	鐵	鎂	錳	鉬	磷	鉀	硒	鈉	硫	鋅
	✓	✓	✓	✓	✓		✓	✓	✓	✓	✓	✓	✓	✓	✓	✓	✓

其他：天然抗氧化配方、番茄紅素

備註：劑量保密

金優卓美佳食品錠

售價／1800元

■ **商品特性**：本品專為銀髮族設計之綜合維生素，除含有維生素、礦物質外，更含有各種消化酵素及天然植物，完美的配方，讓你健康活力十足。

■ **適用對象**：銀髮族
■ **建議用量**：每日1顆
■ **包裝規格**：90錠／瓶
■ **公司**：健安喜。松雪企業股份有限公司
■ **國外原廠**：GNC

■ **注意事項**：
白天飯後食用較佳。

類別	■綜合維生素
型態	■錠劑

維生成素分	A	B1	B2	B6	B12	生物素	葉酸	菸鹼酸	泛酸	C	D	E	K	β胡蘿蔔素	膽鹼	肌醇	PABA
	✓	✓	✓	✓	✓	✓	✓	✓	✓	✓	✓	✓	✓	✓	✓	✓	
	硼	鈣	鉻	鈷	銅	氟	碘	鐵	鎂	錳	鉬	磷	鉀	硒	鈉	硫	鋅
	✓	✓	✓	✓	✓		✓	✓	✓	✓	✓	✓	✓	✓	✓	✓	✓

其他：天然抗氧化配方、番茄紅素、綠茶、綜合消化酵素

備註：劑量保密

悠康 純化維他軟膠囊　售價／680元

■**商品特性**：本產品以營養生理學之平衡調養概念，融合人體每日必需之12種維生素、8種礦物質及微量元素，適合用於減少疲勞，產前產後及病後之補養，也是現代人營養補給、增強體力，維護元氣及健康維持的好選擇。

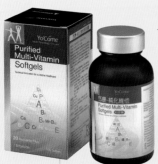

■**適用對象**：
一般人
■**建議用量**：
每次1粒，每日2次，於餐後以溫水吞食
■**包裝規格**：
100粒／瓶
■**公司**：
永信藥品工業股份有限公司
■**國外原廠**：
美國Carlsbad Technology Inc.U.S.A.

■**注意事項**：
請確實遵循每日建議量食用，不需多食。

類別	■綜合維生素
型態	■軟膠囊

維生素成分	A	B1	B2	B6	B12	生物素	葉酸	菸鹼酸	泛酸	C	D	E	K	β-胡蘿蔔素	膽鹼	肌醇	PABA
	1.281 mg	1.7 mg	2 mg	2.3 mg	2.3 µg	0.12 mg	0.08 mg	2.1 mg	17.5 mg	69 mg	0.8 mg	15 mg					

	硼	鈣	鉻	鈷	銅	氟	碘	鐵	鎂	錳	鉬	磷	鉀	硒	鈉	硫	鋅
		12.6 mg	✓		✓			✓	✓	✓		✓					✓
其他																	

加仕沛 美麗佳人MV錠　售價／450元

■**商品特性**：綜合維生素是提供每日工作能量的重要角色。哪一個不足都會造成營養失衡，一次均衡且適量的攝取綜合維生素，不但可提供每日活力的基礎，更不會導致身體的負擔。

■**適用對象**：一般人、推薦給想補充維生素及飲食不正常的您
■**建議用量**：每次1錠，每日3次
■**包裝規格**：120錠／瓶
■**公司**：
永信藥品工業股份有限公司
■**國外原廠**：美國Carlsbad Technology Inc.U.S.A.

■**注意事項**：
請確實遵循每日建議量食用，不需多食。

類別	■綜合維生素
型態	■糖衣錠

維生素成分	A	B1	B2	B6	B12	生物素	葉酸	菸鹼酸	泛酸	C	D	E	K	β-胡蘿蔔素	膽鹼	肌醇	PABA
	0.25 mg	1 mg	1 mg	2 mg	2 ug			5 mg	5 mg	30 mg	3 ug	10 mg			50 mg	50 mg	

	硼	鈣	鉻	鈷	銅	氟	碘	鐵	鎂	錳	鉬	磷	鉀	硒	鈉	硫	鋅
其他																	

杏輝沛多仕女綜合維他命軟膠囊　售價／680元

■ **商品特性**：21種綜合維生素，礦物質，特別強化鐵、B6、B12、葉酸等造血維他命，把女性每個月流失的補回來。

- ■ **適用對象**：青少女及成年女性
- ■ **建議用量**：1日1～2顆
- ■ **包裝規格**：60粒／瓶
- ■ **公司**：
  杏輝藥品工業股份有限公司
- ■ **國外原廠**：
  加拿大CanCap G.M.P藥廠

■ **注意事項**：
　飯後食用，請依照瓶身服用量食用，不可過量。

類別	■綜合維生素
型態	■軟膠囊

	A	B1	B2	B6	B12	生物素	葉酸	菸鹼酸	泛酸	C	D	E	K	β胡蘿蔔素	膽鹼	肌醇	PABA
維生素／成分	2500 IU	1 mg	1.1 mg	10 mg	40 mcg	50 mcg	225 mcg	13 mg	10 mg	100 mg	100 IU	50 IU	10 mcg				

	硼	鈣	鉻	鈷	銅	氟	碘	鐵	鎂	錳	鉬	磷	鉀	硒	鈉	硫	鋅
成分		✓			✓		✓	✓	✓			✓					✓

其他：啤酒酵母

杏輝沛多綜合維他命軟膠囊　售價／680元

■ **商品特性**：27種綜合維生素，礦物質，特別強化水溶性維生素B群，適合汗流量大，水溶性維生素需求大的台灣海島型氣候。

- ■ **適用對象**：一般人
- ■ **建議用量**：1日1顆
- ■ **包裝規格**：60粒／瓶
- ■ **公司**：
  杏輝藥品工業股份有限公司
- ■ **國外原廠**：
  加拿大CanCap G.M.P藥廠

■ **注意事項**：
　飯後食用，請依照瓶身服用量食用，不可過量。

類別	■綜合維生素
型態	■軟膠囊

	A	B1	B2	B6	B12	生物素	葉酸	菸鹼酸	泛酸	C	D	E	K	β胡蘿蔔素	膽鹼	肌醇	PABA
維生素／成分	5000 IU	10 mg	10 mg	20 mg	4 mcg	300 mcg	200 mcg	30 mg	20 mg	100 mg	100 IU	50 IU	100 mcg			20 mcg	20 mcg

	硼	鈣	鉻	鈷	銅	氟	碘	鐵	鎂	錳	鉬	磷	鉀	硒	鈉	硫	鋅
成分		✓			✓		✓	✓	✓	✓		✓	✓	✓		✓	✓

其他：啤酒酵母、氯

優倍多女性綜合維他命群軟膠囊 售價／549元

■**商品 特性**：強化造血維他命（鐵、B6、B12、葉酸）之綜合維生素，把女性每個月流失的補回來。

■**適用 對象**：青少女及成年女性
■**建議 用量**：1日1顆
■**包裝 規格**：60粒／瓶
■**公司**：
　杏輝藥品工業股份有限公司
■**國外 原廠**：
　加拿大CanCap G.M.P藥廠

■**注意 事項**：
　飯後食用，請依照瓶身服用量食用，不可過量。

類別	■綜合維生素
型態	■軟膠囊

維生素 成分	A	B1	B2	B6	B12	生物素	葉酸	菸鹼酸	泛酸	C	D	E	K	β胡蘿蔔素	膽鹼	肌醇	PABA
	4200 IU	1.3 mg	1.5 mg	5 mg	20 mcg	50 mcg	225 mcg	17 mg	10 mg	100 mg	100 IU	50 IU	10 mcg				
	硼	鈣	鉻	鈷	銅	氟	碘	鐵	鎂	錳	鉬	磷	鉀	硒	鈉	硫	鋅
					✓			✓	✓	✓		✓					✓

其他	啤酒酵母 1mg

優倍多男性綜合維命軟膠囊 售價／549元

■**商品 特性**：鋅強化配方,增強男人精力。

■**適用 對象**：青少年及成年男性
■**建議 用量**：1日1顆
■**包裝 規格**：60粒／瓶
■**公司**：
　杏輝藥品工業股份有限公司
■**國外 原廠**：
　加拿大CanCap G.M.P藥廠

■**注意 事項**：
　飯後食用，請依照瓶身服用量食用，不可過量。

類別	■綜合維生素
型態	■軟膠囊

維生素 成分	A	B1	B2	B6	B12	生物素	葉酸	菸鹼酸	泛酸	C	D	E	K	β胡蘿蔔素	膽鹼	肌醇	PABA
	2500 IU	2 mg	2 mg	2 mg	2 mcg	150 mcg	200 mcg	22 mg	10 mg	100 mg	150 IU	50 IU	50 mcg	✓	✓		
	硼	鈣	鉻	鈷	銅	氟	碘	鐵	鎂	錳	鉬	磷	鉀	硒	鈉	硫	鋅
	✓				✓			✓	✓	✓		✓					✓

其他	啤酒酵母 25mg